中公新書 2494

石川理夫著

# 温泉の日本史

## 記紀の古湯、武将の隠し湯、温泉番付

中央公論新社刊

# はじめに

環太平洋造山帯《ぞうざんたい》に位置する日本列島は、火山活動や地震に見舞われる一方、温泉資源という恵みも授かった。温泉資源の豊かさを示す指標となる温泉地数や源泉総数、総湧出量《ゆうしゅつりょう》から、日本はこれまで《世界一の温泉大国》を自負してきた。こういう大国なら角も立たず、地域住民や国民の保養と健康のため、観光資源や地域社会の雇用拡大にも役立っているから喜ばしい。

日本では温泉のきらいな人はいないと言われるほどで、温泉を話題にすれば、コミュニケーションも円滑に進む。温泉をテーマにした本も温泉情報も巷《ちまた》にあふれているが、典拠となる史料等を明らかにした上で日本での長い温泉とのかかわり、利用の歴史を系統立てて考察し、かつ通史として一冊にまとめた本はなかった。

これまで、医学や自然科学分野からの温泉へのアプローチは数多い。しかし温泉（及び温泉地）の歴史文化に関しては、個別テーマでは地方史研究で散見されるが、歴史の総合的な学会でも軽視されがちだったのではないだろうか。これを補ったのは戦前の温泉医学者である。『温泉言志』（一九四三年）所収の「日本温泉略史」や『温泉須知』（一九三七年）などで入浴主体に温泉利用の歴史や文化を概括した西川義方《にしかわよしかた》、『温泉知識』（一九三八年）で日本温泉学の発達を述べ、入浴文化史の観点から『東西沐浴《もくよく》史話』（一九四四年）を著した藤浪剛一《ふじなみごういち》などの名が代表として挙げられる。

近年では、観光地理学分野から温泉地の歴史を考察した山村順次《やまむらじゅんじ》の論稿集（『温泉地研究論文集』、二〇〇五年）や、日本人と温泉のかかわりを考察した一般書として八岩《やついわ》まどか著『温泉と日本人』（一九九三年）が挙げられる。ほかにも、温泉関連の研究論稿が増えてきているように見受けられる。平成十五年（二〇〇三）には、温泉と温泉地を主に人文地理歴史など社会科学分野から研究するために日本温泉地域学会が設立された。学際的な学会で、筆者も参加している。ほかに、各地の歴史研究会や日本温泉文化研究会が温泉地史や温泉文化史にかかわる論稿を発表している。総じてこの分野はこれからが期待される。

温泉と温泉地に私たちが心惹《ひ》かれ、心身共に癒《いや》されるのは、まず何より地上に湧《わ》き出る源泉の温《ぬく》もりと多彩な個性・持ち味の賜物《たまもの》である。と同時に、温泉が湧き出る土地の街並み景観、伝統的な建造物のたたずまいや醸《かも》し出される情緒などによって、深い安らぎと非日常的な解放感を味わう。それは温泉地の人々が長い年月を重ねて育《はぐく》んできた歴史的文化的な温泉地域資産と言うべき、貴重な蓄積の成果そのものである。日本のほかの場所と比べても、由緒ある多くの温泉地には古都や古寺同様に固有の歴史と文化が今も息づいている。

そうした日本の温泉の歴史を丁寧にひもとき、その奥行きや魅力についてもっと深く知りたい人に伝えたい、ということが本書の目的である。


日本の温泉史で、とくに古い時代をひもとく際にはいくつか問題がある。まず日本人はいったいいつ頃から温泉を利用していたのか、いわく言い難い。紀元前からの温泉利用の証拠物件が残され、出土しているヨーロッパと比べて、酸性土壌が多く、木の文化が主流の日本列島では痕跡《こんせき》が残りにくかったせいか、証拠に乏しい。したがって、前史については概要とポイントを述べるにとどめた。

さらに温泉地の始まりに関する話には、開湯《かいとう》千何百年といった伝承が多いのも、扱い方に注意が必要である。これには古い時代にできたものではなく、中世の時代に多く編まれた温泉縁起（温泉寺縁起）にもとづくものも少なくない。この場合、単なる伝承と切り捨てず、別の史料等からの裏付けを試みるとともに、開湯伝承や温泉縁起が生まれる背景を温泉文化史の視点から考証することも大切だろう。そうでなければ、人々が温泉に託した敬虔《けいけん》な思いや、温泉地の歴史ゆえの特色ある豊かさを汲《く》み取ることはできない。

本書では、基本的に記紀の時代より始まる文献史料にもとづき、時代を追って温泉の歴史

表１　温泉の泉質と特徴

| 掲示用新泉質名 | 旧泉質名 | 定　義 | 特　徴 |
|---|---|---|---|
| ①単純温泉（pH8.5以上をアルカリ性単純温泉という） | 1. 単純温泉（アルカリ性単純温泉） | 溶存物質（以下、ガス性のものを除く）が1000mg/kgに満たないもので、泉温が25℃以上のもの | ほとんどが無色澄明無味無臭。肌に優しく、飲泉もしやすい。塩化物泉と並んで日本に最も多い泉質である |
| ②二酸化炭素泉 | 2. 単純炭酸泉 | 特殊成分の遊離二酸化炭素（$CO_2$）を1000mg/kg以上含むもの | ぬる湯・冷泉に溶けやすい。入ると体に気泡がつく。末端まで血流を促し、血圧を下げる |
| ③炭酸水素塩泉 | 3. 重炭酸土類泉<br>4. 重曹泉 | 溶存物質が1000mg/kg以上で、陰イオンの主成分が炭酸水素イオン（$HCO_3^-$）であるもの。陽イオンの主成分で２種類に分ける | 重炭酸土類泉は浴槽で黄褐色を呈しやすい。重曹泉は澄明または薄黄色を呈しやすく、肌の清浄・美肌効果がある |
| ④塩化物泉 | 5. 食塩泉 | 溶存物質が1000mg/kg以上で、陰イオンの主成分が塩化物イオン（$Cl^-$）であるもの | よく温まり、保温効果に優れて「熱の湯」といわれる。殺菌作用も高い |
| ⑤含よう素泉 | | 特殊成分のよう化物イオン（$I^-$）を10mg/kg以上含むもの | 浴槽で淡褐色を呈しやすい。殺菌効果がある |
| ⑥硫酸塩泉 | 6. 芒硝泉<br>7. 石膏泉<br>8. 正苦味泉 | 溶存物質が1000mg/kg以上で、陰イオンの主成分が硫酸イオン（$SO_4^-$）であるもの。陽イオンの主成分で主に３種類に分ける | ほぼ無色澄明。石膏泉は切り傷や打ち身への鎮静効果から「傷の湯」といわれる。正苦味泉は苦みがあり、飲用で便秘に効く |
| ⑦含鉄泉 | 9. 炭酸鉄泉<br>10. 緑ばん泉 | 鉄（Ⅱ）イオン及び鉄（Ⅲ）イオンの総量が20mg/kg以上あるもの | 含まれる鉄分が浴槽中で空気にふれて赤茶色を呈しやすい |
| ⑧硫黄泉 | 11. 硫黄泉<br>12. 硫化水素泉 | 総硫黄を２mg/kg以上含むもの。硫黄が主に遊離硫化水素（$H_2S$）の型で含有するものを硫化水素泉という | 浴槽で青白濁しやすい。白い湯の華は硫黄が析出したもの。硫化水素を含むと、むき卵のようなにおいを放つ |
| ⑨酸性泉 | 13. 酸性泉 | 水素イオン（$H^+$）を１mg/kg以上含むもの。pH５未満～３以上を弱酸性泉という | 酸味と殺菌力があり、肌への刺激も強い。酸性硫黄泉などは白濁しやすい |
| ⑩放射能泉 | 14. 放射能泉 | ラドンを100億分の30キュリー＝111ベクレル（8.25マッヘ単位）以上含むもの | 無色澄明無味無臭。俗にラジウム泉ともいう。浴用・吸入で鎮痛効果がある |

にかかわる節目となる事柄を正確にわかりやすく述べることを心がけた。その際、通史といってもテーマや切り口を設定して見出し立てをしたので、興味を持ったところから読んでもらったり、拾い読みしてかまわないように取り上げたつもりである。

温泉の歴史のおもしろさは、ただ歴史事項の積み重ねとしてではない。温泉と人の出会い、温泉への畏敬《いけい》・慈しみの念から生まれた温泉信仰を含む固有の温泉文化との融合（コラボレーション）によるものではないだろうか。本書は、温泉の文化や温泉地の特性を大切にする視点から照らした温泉の日本史であり、そこから日本の温泉の今後も示唆できればと願っている。

本書では、出典の史料・資料名をできるだけ本文にかっこ書きで記すように心がけた。それ以外の参考文献は巻末に章ごとに列挙している。引用した文章や用語は「　」で示し、文章は基本的に意訳している。

なお、温泉史といえども、基本は温泉資源にあるので、歴史にかかわる温泉地や出来事に必要な場合は温泉の泉質や特色も示した。その一覧を前頁（表1）に示している。泉質は、従来から使われてなじみのある旧泉質名で食塩泉、重曹《じゅうそう》泉、炭酸泉といったように本文では表し、必要な場合は初出で化学組成がわかる新泉質名をかっこ書きで付記している。また、本書で紹介した主な温泉地については、所在を地図「江戸時代の前からの温泉地」に示した。

# 温泉の日本史　目次

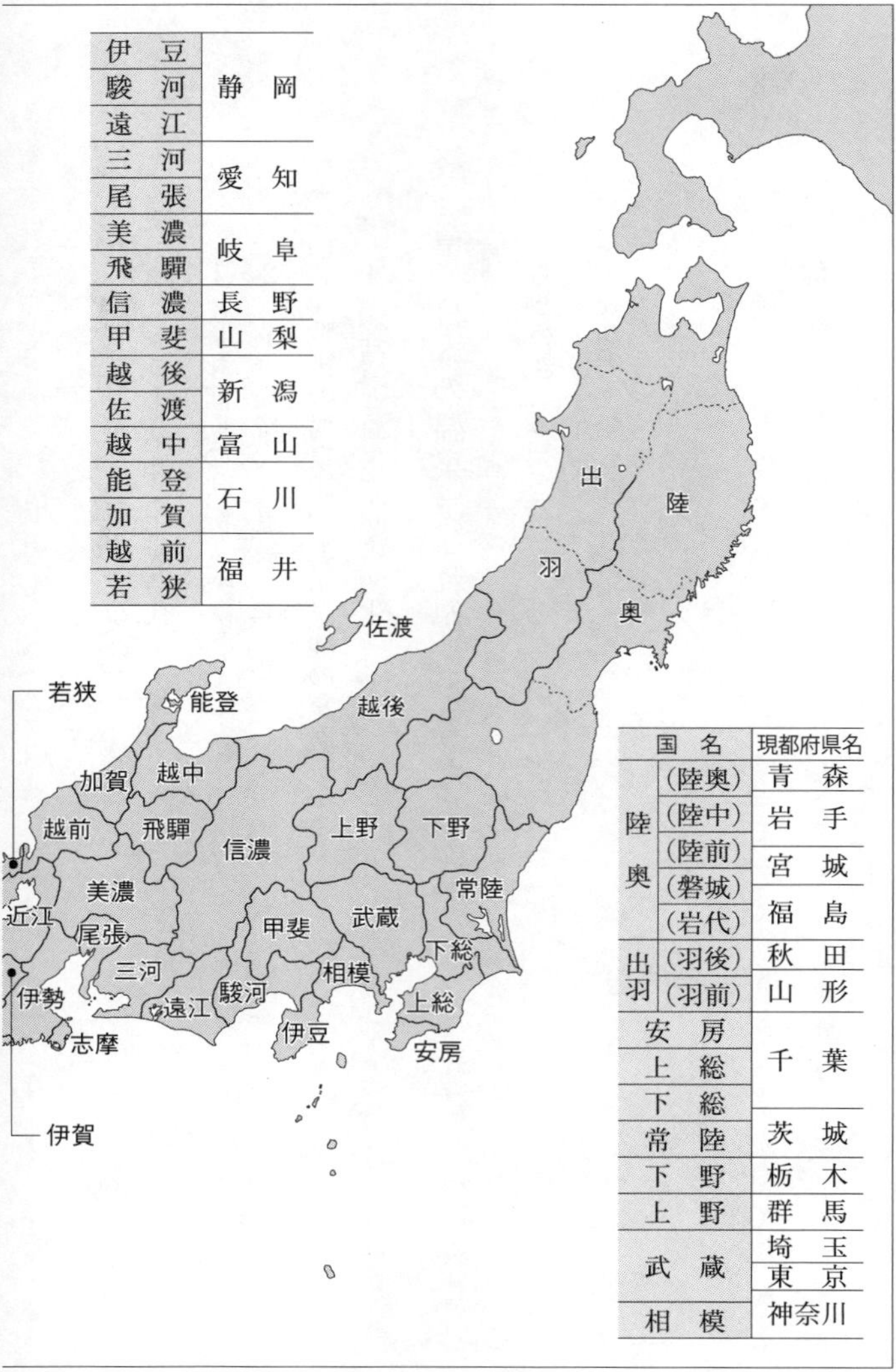


| 国名 | 現都府県名 |
|---|---|
| 伊豆 | 静岡 |
| 駿河 | 静岡 |
| 遠江 | 静岡 |
| 三河 | 愛知 |
| 尾張 | 愛知 |
| 美濃 | 岐阜 |
| 飛騨 | 岐阜 |
| 信濃 | 長野 |
| 甲斐 | 山梨 |
| 越後 | 新潟 |
| 佐渡 | 新潟 |
| 越中 | 富山 |
| 能登 | 石川 |
| 加賀 | 石川 |
| 越前 | 福井 |
| 若狭 | 福井 |

| 国名 | | 現都府県名 |
|---|---|---|
| 陸奥 | （陸奥） | 青森 |
| 陸奥 | （陸中） | 岩手 |
| 陸奥 | （陸前） | 宮城 |
| 陸奥 | （磐城） | 福島 |
| 陸奥 | （岩代） | 福島 |
| 出羽 | （羽後） | 秋田 |
| 出羽 | （羽前） | 山形 |
| 安房 | | 千葉 |
| 上総 | | 千葉 |
| 下総 | | 千葉・茨城 |
| 常陸 | | 茨城 |
| 下野 | | 栃木 |
| 上野 | | 群馬 |
| 武蔵 | | 埼玉 |
| 武蔵 | | 東京 |
| 相模 | | 神奈川 |

| | | |
|---|---|---|
| 筑 | 前 | 福岡 |
| 筑 | 後 | |
| 豊 | 前 | |
| 豊 | 後 | 大分 |
| 日 | 向 | 宮崎 |
| 大 | 隅 | 鹿児島 |
| 薩 | 摩 | |
| 肥 | 後 | 熊本 |
| 肥 | 前 | 佐賀 |
| 壱 | 岐 | 長崎 |
| 対 | 馬 | |

| | | |
|---|---|---|
| 阿 | 波 | 徳島 |
| 土 | 佐 | 高知 |
| 伊 | 予 | 愛媛 |
| 讃 | 岐 | 香川 |
| 備 | 前 | 岡山 |
| 美 | 作 | |
| 備 | 中 | |
| 備 | 後 | 広島 |
| 安 | 芸 | |
| 周 | 防 | 山口 |
| 長 | 門 | |
| 石 | 見 | 島根 |
| 出 | 雲 | |
| 隠 | 岐 | |
| 伯 | 耆 | 鳥取 |
| 因 | 幡 | |

| | | |
|---|---|---|
| 近 | 江 | 滋賀 |
| 山 | 城 | 京都 |
| 丹 | 後 | |
| 丹 | 波 | 兵庫 |
| 但 | 馬 | |
| 播 | 磨 | |
| 淡 | 路 | |
| 摂 | 津 | |
| 和 | 泉 | 大阪 |
| 河 | 内 | |
| 大 | 和 | 奈良 |
| 伊 | 賀 | 三重 |
| 伊 | 勢 | |
| 志 | 摩 | |
| 紀 | 伊 | 和歌山 |

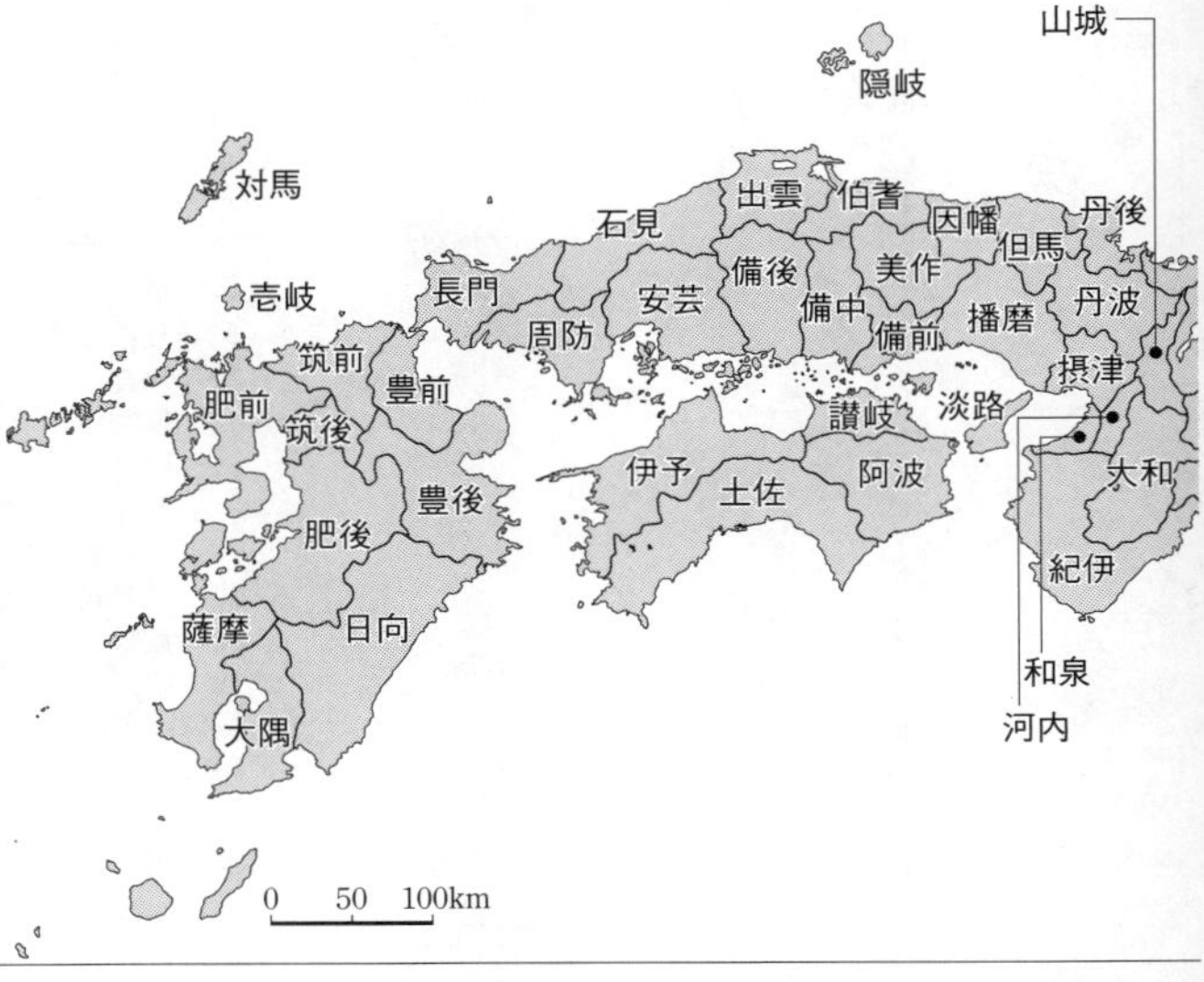

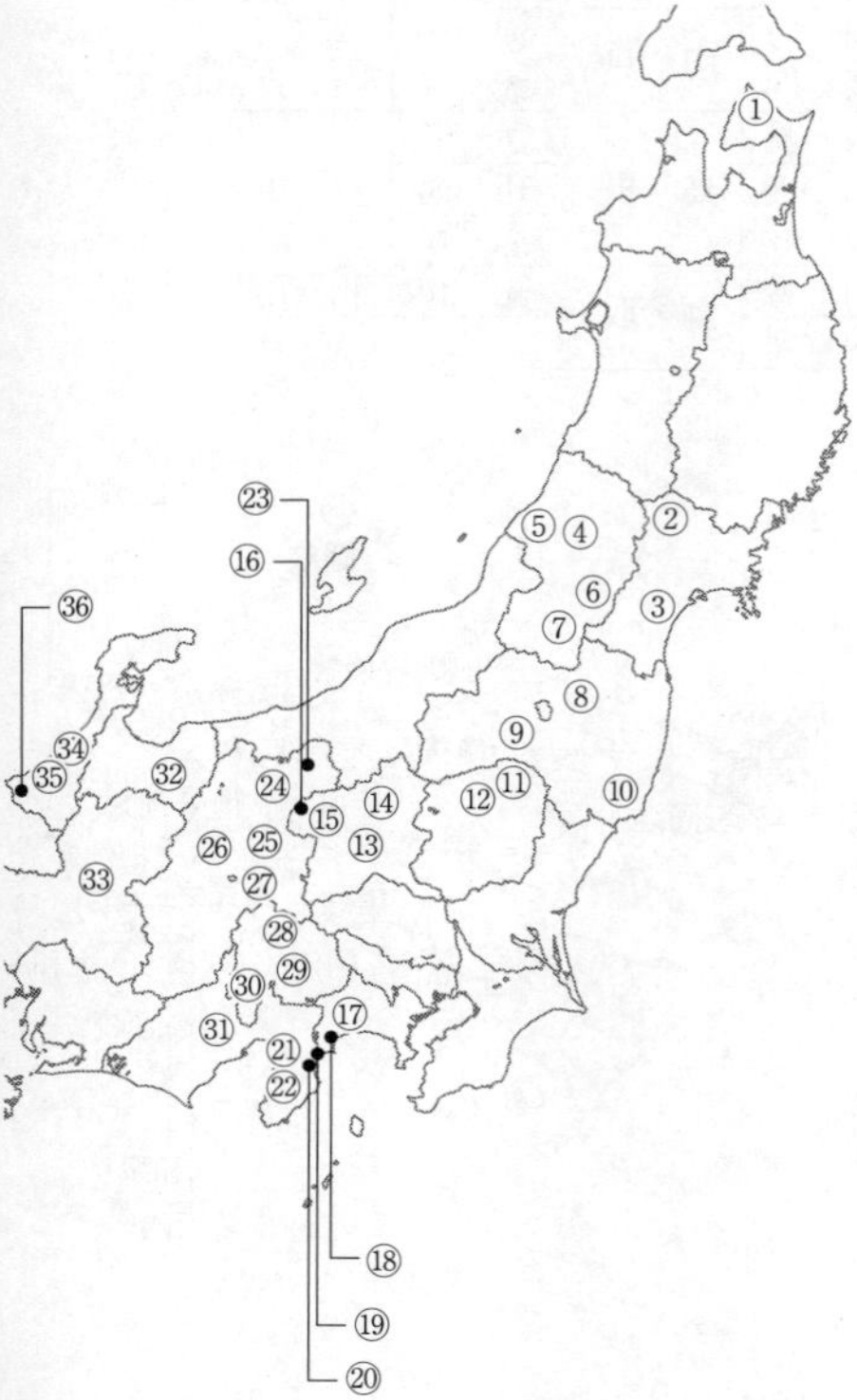


㉖ 美ヶ原（筑摩）
㉗ 上諏訪
㉘ 増富ラジウム
㉙ 湯村
㉚ 下部
㉛ 梅ヶ島
㉜ 立山地獄谷
㉝ 下呂
㉞ 粟津
㉟ 山代
㊱ 山中
㊲ 榊原
㊳ 湯の峰
㊴ 湯川
㊵ 白浜（崎の湯）
㊶ 有馬
㊷ 城崎
㊸ 湯村
㊹ 岩井
㊺ 玉造
㊻ 海潮
㊼ 出雲湯村
㊽ 温泉津
㊾ 湯田
㊿ 長門湯本
(51) 塩江
(52) 道後
(53) 別府
(54) 長湯
(55) 天ヶ瀬
(56) 二日市（次田）
(57) 武雄
(58) 嬉野
(59) 雲仙
(60) 山鹿
(61) 日奈久
(62) 川内高城

## 江戸時代の前からの温泉地

① 恐山
② 鳴子温泉郷
③ 秋保
④ 肘折
⑤ 湯田川
⑥ 蔵王
⑦ 上山
⑧ 岳
⑨ 東山（天寧寺）
⑩ いわき湯本
⑪ 那須湯本
⑫ 塩原温泉郷
⑬ 伊香保
⑭ 四万
⑮ 草津
⑯ 万座
⑰ 箱根（湯本・芦之湯・底倉・堂ヶ島・木賀・姥子）
⑱ 湯河原
⑲ 伊豆山
⑳ 熱海
㉑ 古奈
㉒ 修善寺
㉓ 野沢
㉔ 湯田中渋温泉郷
㉕ 別所

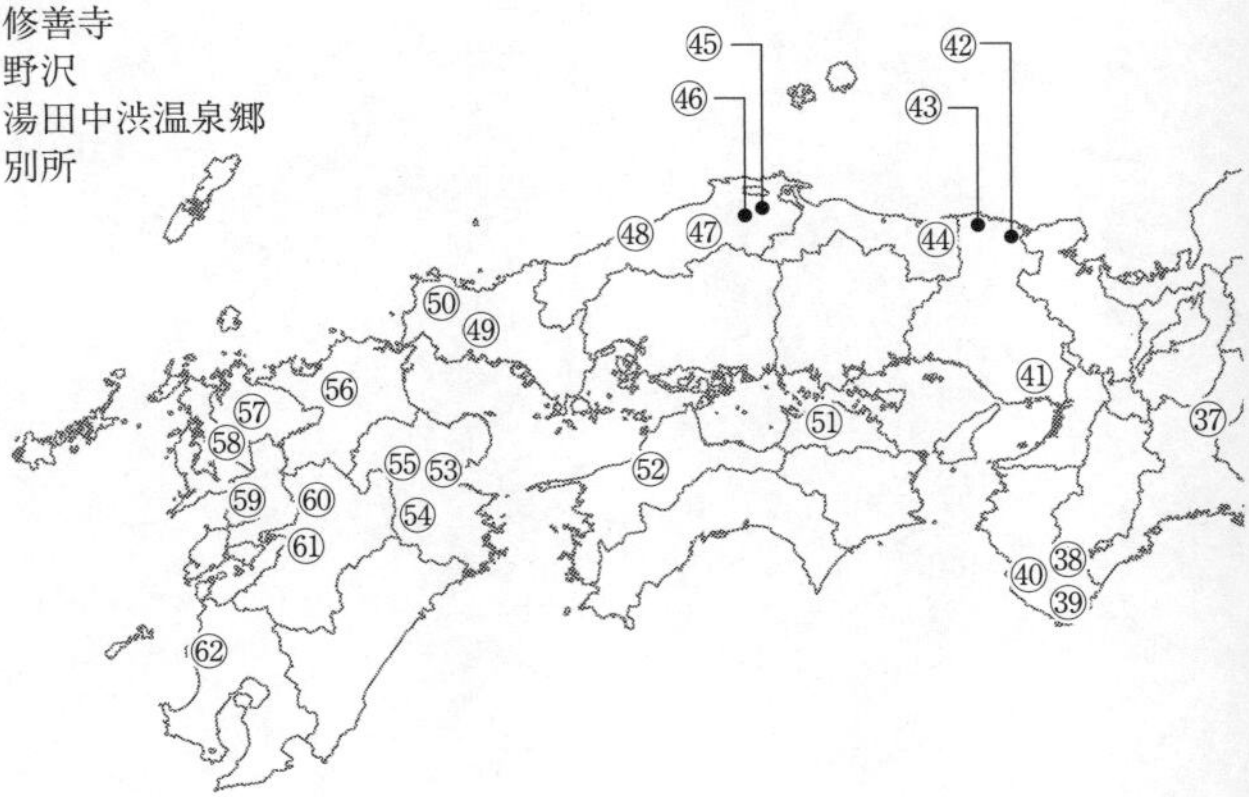

# 温泉の日本史

# 第一章 《日本三古湯》の登場
## ——飛鳥・奈良時代まで

## 1 温泉と日本人の出会い

### 温泉との出会いの始まりの可能性

日本列島に住み着いた人々がいつ頃から温泉を利用していたのか、前史を正確につかむことは考古学上の確実な物証が得られないかぎり難しい。とはいえ、長いスパンを持つ縄文時代から人々は温泉の恵みにあずかっていたのではないか、と推測することは可能だろう。

温泉が地上に湧き出るには、熱源、地下水、地上への通路という三条件を必要とする。火山列島で断層を無数に刻み、地下水のもととなる天水《てんすい》（雨雪）の年間降水量が多い日本は条件を十分備えている。しかも火山性の温泉、特色際立つ多彩な泉質と摂氏四二度以上の高温泉が多い。卓越した温泉資源状況がこうした推測の前提となる。狩猟採集活動や交易を通じて生活行動範囲が広かったと言われる縄文時代の人々が、温泉と出会う機会は少なくなかったはずである。

考古学者の藤森栄一《ふじもりえいいち》が、温泉が豊かな長野県諏訪湖《すわこ》東岸の発掘調査で縄文前期の土器が出土した層から、縄文人も「湯に入っていた」（藤森栄一『縄文の世界』）と思わせる「湯アカがいっぱい」の岩石類を見つけた、と報告したことはよく知られる。「地下五・五メートルの真っ黒な有機上層で、大石がごろごろと、ほぼ環状にならんだところがあった。硫化物の臭《にお》いが鼻をうった。硫黄質《いおうしつ》の湯が湧いていたことは確実」（『藤森栄一全集』第四巻）とも述べている。

大いにあり得るが、留保すべき点もある。藤森栄一は別の本に、「湯アカがいっぱい」の岩石類を見つけたのは「スクモ層下」とも書いている。スクモ層は有機物の腐植質《ふしょくしつ》を含む泥炭層である。泥炭層は嫌気性《けんきせい》の環境にあり、硫酸塩還元菌によって硫化水素を含む硫化物を生成しやすい。したがって「硫化物の臭い」も「湯アカ」状の成分もその生成物かもしれず、これだけで「硫黄質の湯が湧いていたことは確実」とは断定できない。

貴重な自然湧出時代の温泉分析を載せた明治十九年（一八八六）刊の内務省衛生局編『日本鉱泉誌』は、発掘地の上諏訪《かみすわ》温泉は硫化水素を多少含む含硫黄泉系と単純温泉、と記す。そもそも総硫黄分が多い硫黄泉エリアではなく、今日では泉質は単純温泉となっている。

次に、「大石がごろごろと、ほぼ環状にならんだところ」から、後に豊臣秀吉《とよとみひでよし》が有馬《ありま》温泉に築いた湯山《ゆのやま》御殿の石組み浴槽の類を想像したくなるが、これも早計だろう。ヨーロッパの先住民ケルト人も入浴遺跡は残していない。湧き出た温泉は自然の湯だまりをつくり、大がかりな手を加えずとも温泉を利用できる。むしろ環状の大石の配置は、縄文遺跡に見られる祭祀《さいし》や墓地の跡かもしれないという推測も成り立つ。

このように古くから温泉が湧いていた温泉地周辺に縄文遺跡がある事例は少なくない。ただし、温泉は渓谷や河畔《かはん》など低地・窪地《くぼち》に湧出するが、縄文集落は土地の狭隘《きょうあい》さや増水、土石流などのリスクがなく、森林での狩猟や採集活動に向いた河岸段丘《かがんだんきゅう》や台地上など一般に高台に営まれ、立地的には区別される。

### 動物発見伝説とのかかわり

近年、温泉成分でも塩分（塩化ナトリウム）に着目し、温泉源（以下、泉源）と縄文遺跡に《有機的関連性がある》とする説も見られる。生存に必要な塩分を求めて食塩泉（ナトリウム－塩化物泉）の泉源に動物が集まるため、そこは格好の食物連鎖の場、人間にとって狩猟場となり、海辺から離れた内陸部に大規模集落が形成される一因となる、というのが論旨である。事例には秋田県鹿角《かづの》市の大湯《おおゆ》温泉と環状列石のある大湯遺跡も挙げられている。

図1－1　大湯の環状列石（万座）

温泉が今も一部自然湧出する大湯川から離れた左岸台地上に大湯遺跡がある。温泉を利用しようと思えば、行動範囲が広かった縄文人にはさほど遠くなかっただろう。もっとも、大湯温泉の泉質は弱食塩泉で含有塩分量は多くないため、摂取効率は良くない。

動物が塩分などミネラル成分を求めて集まることは知られている。一例が群馬県野《の》栗沢《ぐりさわ》温泉である。摂氏約二二度の含重曹－食塩泉が湧く渓流にアオバトが集まり、摂取行動をする姿も記録・撮影されている。塩分濃度は大湯のおよそ五倍。水場と同様にどの動物にも必要な場は、強い動物や個体が優先されつつ一種の棲《す》み分けがはかられて、持続的に利用される。そうした泉源地を人間が狩猟のターゲットにしたら、おそらく短期間にして動物は遠ざかってしまう。縄文集落の立地・形成の要因として、動物狩猟目的という視点から長いスパンで温泉源との間に有機的関連性を見いだすことは難しいのではないか。

また、動物の温泉利用は飲泉・成分摂取行動だけではない。泉源に集まる、あるいは生息する昆虫類や魚を食料にする餌場《えさば》利用もある。世界共通の動物発見伝説が示すのは、傷や虫さされ、寄生虫の排除、皮膚病などを癒すために動物が泉源を見つけて集まり、湯水を浴びたり、温泉泥をこすりつけるなどの利用行動をとるというものだった。摂取成分ひとつとっても食塩泉とかぎらないので、利用対象の温泉の泉質はさらに広がる。

動物発見伝説と温泉の泉質に着目した論考は、西川義方など戦前から知られる。それらをふまえて中央温泉研究所の甘露寺泰雄《かんろじやすお》は、動物の種類別に登場する温泉の本来に近い泉質を調べた(「動物の発見伝説に係る温泉の泉質」)。最も多いのは塩化物泉、炭酸水素塩泉、硫酸塩泉を包括した塩類泉で半数以上を占め、次に含硫黄泉、単純温泉、放射能泉、炭酸泉の順であった。塩化物泉をはじめ塩類泉が中心になるのは、日本の泉質統計に占める割合からいっても当然だが、動物と温泉のかかわりには硫黄泉、炭酸泉といった特殊成分を含む泉質も無視できないことがうかがえよう。日本の温泉利用の黎明期《れいめいき》の探求は、端緒についたばかりなのである。

## 2 『古事記』が唯一記す「伊余湯」は悲劇の舞台

### 倭人の入浴行為と湯の神判

直接温泉についてではないが、中国の二つの正史に、倭人《わじん》（日本人）の入浴行為と、沸騰させた湯を用いて神意をうかがって罪の有無を判定する神判《しんぱん》「探湯《くかたち》（盟神探湯）」の記述が現れる。

一番目は、三世紀に晋《しん》の陳寿《ちんじゅ》が撰《えら》んだ『魏志《ぎし》倭人伝』（『三国志』の一つ、『魏志』巻三〇「東夷《とうい》伝・倭人」）で、「家人が亡くなって埋葬を済ますと、家を挙げて水のある所に行って喪服の白い練《ねりぎぬ》を着て水浴《みずあ》みする」と記す。水浴みの際、白い絹布を着用していたわけで、死者を悼み、死のけがれをすすぎ清めるみそぎ的な例とはいえ、日本での入浴行為の初記録がはだかではなく、衣類を着けていたことを記す点で重要である。

二番目は、七世紀前半に唐《とう》の魏徴《ぎちょう》らが編纂《へんさん》した『隋書《ずいしょ》』巻八一「東夷伝・倭国」で、「小石を沸湯の中に置き、競う所の者に之《これ》を探らせば、理の曲がった者は即《ただ》ち手が爛れる」と記す。探湯は熱湯の神聖な清浄力に神意を見る観念にもとづく。『日本書紀』応神《おうじん》天皇九年夏四月に勅命で探湯により神意を請うた経過が記され、『古事記』允恭《いんぎょう》天皇条にも探湯のための甕《かめ》「探湯瓮《くかべ》」をすえて氏姓の乱れを定め直した、と記される。四世紀の応神天皇の頃から五世紀の允恭天皇の時代、すでに探湯が行なわれていたことがうかがえる。

前者の斎戒沐浴《さいかい》についても、早い時代から記述が見られる。『日本書紀』崇神《すじん》天皇七年春二月条には天皇自ら「沐浴斎戒」して祭祀を行ない、宮殿内を清浄にしたとある。『古事記』の神話にも「禊《みそぎ》」「禊祓《はらい》」の記述がある。こうしたことから《日本人の入浴行為はみそぎ、斎戒沐浴から始まった》という説も流布されるが、そうとは言いきれない。

たとえば、『古事記』景行《けいこう》天皇条に倭建命《やまとたけるのみこと》による諸国平定の物語がある。出雲国《いずものくに》の勇者「出雲建《いずもたける》」をだまし討ちしようと倭建命は友達を装い、一緒に斐伊川《ひいかわ》で「川浴み《かわあ》」する。倭建命は先に川から上がって、にせの刀を自分の刀にみせかけて出雲建の刀と交換し、太刀《たち》合わせをしようと誘って殺した。この川浴みはみそぎ、斎戒沐浴とは言い難い。見せかけでも友誼《ゆうぎ》を結ぶためだろう。だまし討ちした自分が汚れたと思うなら、すすぎ清めるのはその後である。

沐浴は髪を洗い、体を洗う湯水浴みの意味。『論語』（「憲問《けんもん》」編）は、孔子が沐浴後朝廷に出仕すると記す。古代中国では、官吏に定期的に休暇を与え、沐浴させていた。洗浴・入浴行為にはもともといくつかの動機・目的と形態がある。斎戒沐浴はその一つにすぎない。しかも温かい湯浴、温泉での入浴行為が明らかになってくると、動機を問わずそこには喜びや快感を伴う様子も見えてくる。

次に「ユ（ゆ）」という言葉について。「ユは、潔斎《けっさい》を意味する斎（ユ）を語源とし、入浴の目的からの呼称という」（『日本民俗大辞典』）というのは誤りである。漢字を生んだ当の古代中国から「湯」も「斎」も別の言葉として登場する。たとえば「湯沐之邑（沐浴の料に備える采地《さいち》）」（『礼記《らいき》』「王制」編）といった、潔斎の意味を持たない使用例は多い。「湯」のこうした使われ方とは別に「斎戒沐浴」もすでに記されている（『孟子《もうし》』「離婁《りろう》・下」編）。

ひるがえって日本の原語の「ユ」は、『日本古語大辞典　語誌』には「湧水の意。温泉、温湯を言い、総じて人体の分泌物の意にも用いられる」とある。「ユマリ（尿）」「ヨダリ・ヨダレ」など体内からの温かい分泌物を表す身体感覚にかかわる始原的な言葉だ。日本に漢字が入ると、「湯川」や「湯沐」、赤子に湯を飲ませる女性の「湯母《ゆおも》」（『日本書紀』神代下）や赤子を湯浴みさせる役「湯坐《ゆえ》」（『古事記』中巻、『日本書紀』神代下）などの「ユ」に、最もしっくりくる「湯」の漢字が当てられた。自然に湧き出る温泉も、後に「温湯」や「温泉」という漢字を当てつつ、それを長く「ゆ」と読んできたことは後述する。

「ユ」の原語にはほかに「イ」とも言う「ユ」がある。こちらは「ある信仰的概念を表現する語で通例《斎》の字をあてるが、その含蓄する意味は神聖、清浄、斎戒等で、ツミ、ケガレの反対を表示する。イと転呼し、イミ（忌）の形に於《お》いて最多く用いられる」（『日本古語大

辞典　語誌』）と解説される。日本の原語の「ユ」にも語源を異にした言葉が複数あるのだ。

## 文献初登場の温泉は道後温泉

『古事記』允恭天皇条に、皇太子の木梨之軽太子《きなしのかるのひつぎのみこ》と同母妹の軽大郎女《かるのおおいらつめ》（衣通郎女《そとおしのいらつめ》とも）との禁断の兄妹相愛の話が出る。『日本書紀』（巻一三）は、軽太子はだれしも見惚《みと》れる「容姿佳麗」で、軽大郎女も「艶妙也《えんびょう》」と、美しい兄妹だったと記す。五世紀半ば頃のことで、『古事記』では話の結末に「伊余湯《いよのゆ》」、すなわち伊予国《いよのくに》の道後《どうご》温泉が日本の文献史上初の温泉地として登場する。『古事記』に記された温泉は道後温泉をおいてほかにない。

『古事記』によれば、允恭天皇が亡くなると、皇位を引き継ぐ前に軽太子と軽大郎女の関係が世に知られ、人心は離反する。朝廷の臣はこぞって軽太子に背き、同母弟の穴穂御子《あなほのみこ》（安康《あんこう》天皇）の側に付いた。軽太子は有力大臣の屋敷に逃がれて抵抗するが、捕らえられ、穴穂御子のもとに引き渡される。こうして軽太子が流刑になった先が「伊余湯」であった。

軽太子と軽大郎女は別れを悲しみ、歌をやりとりするが、恋い焦がれて軽大郎女は後を追う。そのとき軽大郎女が詠んだという歌が『古事記』と後の『万葉集』（巻二）に収められている。「君が行き《ゆ》　け長くなりぬ　山たづの　迎へを行かむ　待つには待たじ（あなたが行ってしまってから久しく日が経《た》ちました。迎えに行きます、待ってはいられません）」。

おそらく軽大郎女は伊余湯で軽太子と再会できたのだろう。ただ、どれほどの日々を一緒に過ごせたかわからない。『古事記』は最後に「共に自ら死にたまいき」と記すのみだ。

これに対して、『日本書紀』は結末も時期も異なる。時期は允恭天皇二十四年夏六月とし、木梨軽皇子《みこ》は皇太子なので罰することができず、軽大郎皇女を「伊予に流す」としている。それから一八年間記述はない。允恭天皇が亡くなるのは四十二年春正月。軽皇子と穴穂皇子の争いはそのとき生じ、軽皇子は逃げ込んだ大臣の家で自害した、とする。ただ、「伊予国に流した」という一説も付記している。このように『日本書紀』では伊予の温泉への言及はない。違いはあっても、この事件は記紀を通じて初の流刑・配流の記録となった。ではなぜ伊余湯あるいは伊予国だったのか。

## 「中流」の伊予国に全国唯一の温泉郡

流される人は古くから貴人や政治犯が占めていた。『日本書紀』に続く国史『続日本紀《しょくにほんぎ》』（巻一）は、呪術《じゅじゅつ》で世を惑わした罪で役小角《えんのおづぬ》を文武《もんむ》三年（六九九）五月に伊豆大島《いずおおしま》に流したことを記す。修験道《しゅげんどう》の祖とされる役小角は温泉発見伝説にも登場する。

律令《りつりょう》制の刑罰体系では、流刑は五刑のうち死刑に次ぐ重刑とされた。神亀《じんき》元年（七二四）三月に配流先の遠近を公に定め、伊豆、安房《あわ》（千葉県）、常陸《ひたち》（茨城県）、佐渡《さど》、隠岐《おき》、土佐《とさ》

(高知県)の六カ国を遠流《おんる》の地、伊予、諏方《すわ》(長野県)の二カ国を中流《ちゅうる》の地、越前《えちぜん》(福井県)、安芸《あき》(広島県)の二カ国を近流《こんる》の地とした。都・畿内からの距離が遠近の差となり、伊豆諸島を抱える伊豆、佐渡、隠岐など島国は遠流先となった。中流地の伊予国は九州や大陸との重要な航路の瀬戸内海に臨む。目配りの必要な皇族を配流するには適切な地域に思える。そして皇族を配流したもう一つの要因は、温泉とかかわりがあるのではないか。

後に大宝《たいほう》元年(七〇一)の大宝律令で国郡里制《こくぐんりせい》、後の国郡郷制《こくぐんごうせい》が確立したときも温泉名が付く郡として全国唯一の温泉郡《ゆのこおり》となったのが伊余湯地域である。それだけ注目された温泉地域で、古代の人が火山と温泉の関係を認識していたかどうかわからないが、火山も温泉もほかに見当たらない四国にどうしてここだけ高温泉が湧いているのか不思議だったはず。それが、後に『伊予国風土記《ふどき》』逸文《いつぶん》とされる「湯郡《ゆのこおり》」の一文に見る、伊予の湯は大分・速見《はやみ》の湯(別府《べっぷ》温泉)から豊予《ほうよ》海峡を潜る下樋《したび》(暗渠《あんきょ》)を通して持ってきた、という理解を生んだようだ。

そこに飛鳥《あすか》時代すでに「伊予温湯宮《いよのゆのみや》」が築かれていたことは、『日本書紀』の舒明《じょめい》天皇十一年(六三九)十二月十四日に「伊予温湯宮に行幸された」という記述が示す。温湯宮の前身施設の存在を含めて、配流というかたちであれ、皇太子や皇女を受け入れられる施設の存在なしには、この事件の結末はこのようには記されなかったのではないだろうか。

## 3 かくも長き天皇の温泉地滞在――『日本書紀』と温泉

### 初めての温泉行幸記録

『古事記』から『日本書紀』に転じると、温泉は本格的に文献の時代を迎えたと実感する。帝紀《ていき》主体に叙述された『日本書紀』なので、温泉にかかわるのは天皇と皇族である。それに地方から朝廷に温泉の状況の変化が報告される場合がある。

たとえば、天武《てんむ》天皇十三年（六八四）十月十四日に全国的に大きな地震が起きた。被害は甚大で、それによって「伊予湯泉《いよのゆ》が埋没して温泉が出なくなった」という。伊予湯泉はその後も温泉が出なくなったりすることを繰り返す。

『日本書紀』に初登場する温泉記述は、飛鳥時代の舒明天皇三年（六三一）九月十九日に「津国有間温湯《つのくにありまのゆ》に幸《いでま》す」という、天皇の摂津国《せっつのくに》（兵庫県）有馬温泉への初行幸記録である。戻ったのは十二月十三日。滞在は三カ月近い。同十年（六三八）十月にも「有間温湯宮《ゆのみや》に幸す」とあり、戻りは翌十一年正月八日。このときもおよそ三カ月間の滞在だった。

二回の有馬温泉行幸をふり返ると、第一回目は単に「有間温湯」、二回目は「有間温湯宮」とある。初行幸時には有馬に温湯宮と呼ぶにふさわしい御所はまだできていなかったこともあり得るが、長く滞在する以上一定規模の滞在施設が用意されていたと思われる。それでは畿内の有馬温泉は、いつ頃から利用されるようになったのだろうか。

鎌倉末期に神道学者の卜部兼方《うらべのかねかた》が著した『日本書紀』の注釈書『釈日本紀《しゃくにほんぎ》』（巻一四）は、「摂津国風土記に曰《いわ》く」と逸文引用のかたちで、「有馬郡」に湧く塩辛い温泉で知られる「鹽《しお》湯《ゆ》」、有馬温泉に言及している。そして、「『鹽湯を初めて見た』とおっしゃった方がいたが、土地の人が言うには、いつのご時世かわからないが『嶋大臣《しまのおおおみ》』の時代と聞いている」と記す。「嶋大臣」は蘇我《そが》氏全盛期の蘇我馬子《うまこ》。蘇我馬子が大臣だった敏達《びだつ》天皇から用明《ようめい》・崇峻《すしゅん》・推《すい》古《こ》天皇の時代、すでに有馬温泉は注目されていたのかもしれない。

## 長く滞在できる時代到来

舒明天皇は十一年（六三九）十二月、「伊予温湯宮」にも行幸した。戻りは翌年四月十六日。四カ月間も滞在した。舒明天皇の一三年間に三回、各三～四カ月間という温泉行幸が立て続けに記録される。在位期間が長い先代の推古天皇や欽明《きんめい》・敏達天皇の時代を含めて、それまでなかったことだ。舒明天皇以降、温泉行幸と長い滞在は踏襲される。その間には温泉行幸記録がない天皇もおり、両者の事情・背景の違いを考えてみたい。

天皇家略系図

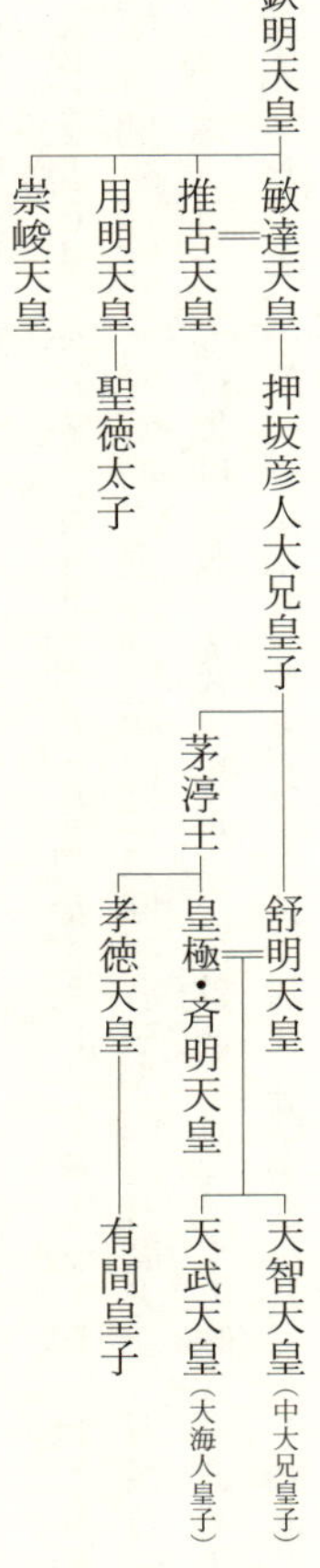


三二年間に及ぶ欽明天皇の時代（五四〇～五七一）は友好国百済《くだら》が高句麗《こうくり》、新羅《しらぎ》と対立し、朝鮮半島情勢が緊迫していた。続く敏達天皇の一四年間（五七二～五八五）は蘇我氏と物部《もののべ》氏の対立も抱えた。次の用明天皇のとき物部守屋《もりや》は蘇我馬子に滅ぼされ、天皇も在位わずか二年。続く崇峻天皇は在位五年目で蘇我馬子に殺された。いずれも温泉行幸どころではなかった。

崇峻天皇の後、即位した推古天皇は欽明天皇の皇女。敏達天皇の異母妹ながら二番目の皇后となる。推古天皇は厩戸豊聡耳皇子《うまやとのとよとみみのみこ》（聖徳太子《しょうとくたいし》）を皇太子に立て、まつりごとを執り行なわせた。仏教振興策など大臣蘇我馬子と皇子の二人三脚で国内は安定したから、推古天皇こそ温泉行幸の先駆けになってもおかしくなかった。

しかし先の『釈日本紀』（巻一四）は、「伊予温湯宮に天皇等が行幸されたのは五度ある」

として、景行天皇と皇后で一回、仲哀《ちゅうあい》天皇と神功《じんぐう》皇后で一回、「上宮聖徳皇子《かみつみやのしょうとくのみこ》」で一回、舒明天皇と皇后（後の皇極《こうぎょく》・斉明《さいめい》天皇）で一回、斉明天皇と皇子の天智《てんじ》天皇と天武天皇で一回とかなりアバウトに数え挙げた。それに従えば、推古天皇ではなく上宮聖徳皇子（聖徳太子）が伊予温湯宮に行ったことになる。

景行・仲哀両天皇は神話と歴史が混じる。しかも皇后同伴話は、舒明天皇が皇后を伴ったという後の話からつくられたものだろう。ただし、『日本書紀』は舒明天皇が皇后を伴ったと述べていない。そうなったのは、『万葉集』（巻一）の額田王《ぬかたのおおきみ》の歌とされる「熟田津《にきたつ》に船乗りせむと　月待てば……」に万葉歌人・山上憶良《やまのうえのおくら》の『類聚歌林《るいじゅうかりん》』が「天皇大后《おおきさき》伊予湯宮に幸す……」と付けた注釈による、と考えられる。

次に、聖徳太子の伊予温湯行については、『釈日本紀』がそのとき道後温泉に近い湯《ゆ》の岡《おか》に建てたという「法興《ほうこう》六年十月」に始まる碑文を紹介するが、碑は現存しない。

推古天皇を継いだ舒明天皇も、温泉行幸が可能な時代と言えた。舒明天皇は欽明、敏達天皇と続く直系の皇子で、推古天皇の意思と大臣・蘇我蝦夷《えみし》の後押しがあった。一方、舒明天皇亡き後即位した皇后の皇極天皇の治世四年間は、嫡子の中大兄皇子《なかのおおえのみこ》（後の天智天皇）らと大臣の蘇我蝦夷・入鹿《いるか》父子との緊張が高まる時期で、温泉地に出かけることはかなわなかったろう。

大化《たいか》の改新が始まり、しばし緊張緩和なった孝徳《こうとく》天皇の時代、久しぶりの温泉行幸が実現する。大化三年（六四七）十月十一日、孝徳天皇は「有間温湯」に行幸。二ヵ月半以上経った十二月末日に帰途につく。途中、「武庫行宮《むこのかりみや》」になぜかとどまった日に皇太子の宮殿で火災が起きたので人々は驚き怪しんだ、と『日本書紀』は記す。その後の出来事を予見させる記述だ。この事件も影響してか、以降の孝徳天皇の治世一〇年間に温泉行幸の記録はない。

孝徳天皇が亡くなると、皇極天皇が斉明天皇として再び即位。中大兄皇子は引き続き皇太子として政務を担う。温泉行幸が十分にできる政治環境は整った。そこで斉明天皇四年（六五八）十月十五日、「紀温湯《きのゆ》」に行幸。白浜《しらはま》温泉と総称される湯崎《ゆざき》温泉の突端に湧く最古の泉源地にあたる。戻りは翌年正月三日。その間に二度目の悲劇が幕を開けた。それは天皇の長期間の温泉行幸は政治的安定が保証されてこそ、という現実をあらためて明らかにした。

## 4　二度目の悲劇を生む皇子と紀温湯

### 斉明天皇に「牟婁温湯」を勧めた有間皇子

『日本書紀』は斉明天皇三年（六五七）九月、「有間皇子《ありまのみこ》は悪がしこい性格で狂人のふりをする」と孝徳天皇の皇子を悪しざまにけなす。「牟婁温湯《むろのゆ》に病気療養のまねをして」行って来た有間皇子が伯母の斉明天皇に、「とてもいい所でした……彼の地を観ただけでも病が自然に治りました」と報告する。天皇は聞いて悦《よろこ》ばれ、行って観てみたいと思われた。有間皇子は天皇を温泉行幸に誘い出し、留守中の陰謀を企《たくら》んでいたという筋書きをにおわせる。

こうして斉明天皇は先の牟婁温湯と同じ温泉地である紀温湯に行幸。中大兄皇子も同行する。その間、都と皇宮を守る留守官の蘇我赤兄《あかえ》が有間皇子に「天皇の政事には三つの失政があります」と語りかけ、謀反《むほん》をそそのかす。一方で、「有間皇子が謀反を起こそうとしています」と紀温湯滞在中の中大兄皇子と斉明天皇へ伝令をやって奏上する。有間皇子はたちまち捕らえられ、紀温湯へ連行された。

「なにゆえ謀反を起こそうとしたのか」と厳しく尋問する中大兄皇子に、有間皇子は「天と（蘇我）赤兄が知っていることで、私はまったく知らない」と答える。有間皇子は紀温湯から戻されて連行される途中、十一月十一日に藤白坂《ふじしろざか》（和歌山県海南《かいなん》市）で絞殺された。

皇子らの絶え間ない追い落とし争いを通じて、平穏な憩い・癒しの場であるべき温泉地が、流刑先の次には尋問と処断の場となった。それでもさすがに温泉地では処刑されなかった。

『万葉集』にも登場する藤白坂は峠道の景勝地。峠は生死の境界の地とされる。

『万葉集』（巻二）に収めた有間皇子の歌、「磐白《いわしろ》の　浜松が枝《え》を　引結び　真幸《まさき》くあらばまた還《かえ》り見む」は連行の往路に詠んだと思われる。その願いはついにかなわなかった。

## 《日本三古湯》と「東間温湯」

牟婁温湯を紀温湯と区別し、古代紀伊国《きいのくに》の七郡のうち同じ「牟婁郡《こおり》」に属した湯《ゆ》の峰《みね》温泉とする解釈もあった。しかし熊野本宮大社《くまのほんぐうたいしゃ》に近い湯の峰温泉は白浜温泉に比べて遠く、山中奥深い。上皇・法皇・女院《にょいん》が熊野を詣《もう》でるようになるのは十世紀初めの平安中期、宇多《うだ》法皇の頃からとされる。さらに『万葉集』（巻二）に「中皇命《なかつすめらみこと》の紀温泉《きのゆ》に往きたまいし時の御歌」として、斉明天皇の紀温泉（紀温湯）行幸時の歌が三首収められているが、岩代《いわしろ》、野《の》島《しま》、阿胡根浦《あごねのうら》など白浜温泉に近い現みなべ町の岩代をはじめ海辺の地名が詠まれている。

牟婁とは高知の室戸《むろと》といった地名同様に、湾のような奥まった場所や洞穴などを意味する。平安中期の歌僧、増基《ぞうき》法師による熊野詣での紀行文『いほぬし』には、「南部《みなべ》の浜」の次に舟で行ったと思われる「牟婁の湊《みなと》」が記される。田辺《たなべ》湾あたりだろう。牟婁温湯は、崎《さき》の湯《ゆ》の砂岩でできた海岸の岩崖《いわがけ》や大岩盤が波に浸食されて洞窟《どうくつ》になった所やえぐれた所から湧出していた温泉と考えられる。古代の牟婁温湯の名残《なごり》と思われる、崖下の岩盤に浸食作用で深い穴になった泉源跡が「崎の湯露天風呂」男性側湯つぼの一隅に見いだせる。

牟婁温湯はその後、『日本書紀』の天武天皇十四年（六八五）四月四日に「牟婁湯泉《むろのゆ》、没《うも》れて出《い》でず」と紀伊国国司から上奏された。地震で埋没したようだ。その後、持統《じとう》天皇四年（六九〇）九月十三日に「紀伊に幸す」とあるが、温泉を訪れたかわからない。『続日本紀』に大宝元年（七〇一）十月八日、「天皇、紀伊国に幸す……車駕《しゃが》、武漏《むろの》温泉《ゆ》に至りたまう」と文武天皇が温泉行幸しており、この頃には復活していた。行幸時、牟婁郡に限って税の免除などを命じているので、後々まで地震の被害が大きかったこともうかがえる。

図１－２　白浜・崎の湯の古代湯つぼ跡（中央窪地）

こうして《日本三古湯》と称される道後、有馬、白浜温泉が出そろった。『日本書紀』に登場するのは以上三温泉地のみかというと、「束間《つかまの》温湯《ゆ》」も加えなければならない。

天武天皇十四年（六八五）冬十月十日、天皇は廷臣三名を信濃国《しなののくに》に派遣して、行宮《かりみや》を造営させた。「束間温湯に行幸なさろうと思われたのであろうか」と『日本書紀』は記す。天武天皇はその頃病を抱え、病気療養を考えていたのだろう。しかし病気が重くなり、実際に温泉行幸はかなわず、翌年九月に亡くなっている。

束間温湯の束間は筑摩とも書く。平安中期に源順《みなもとのしたごう》が編纂した『倭名類聚抄《わみょうるいじゅしょう》』（二〇巻本）に古代の国郡郷名が載り、信濃の国府は筑摩（豆加萬《つかま》）郡にあったと記す。現在の松本《まつもと》・塩尻《しおじり》市一帯で、束間温湯は筑摩郡「山家《やまんべ》」郷（東筑摩《ひがしちくま》郡旧里山辺《さとやまべ》村）にあって白糸《しらいと》の湯や湯ノ原《ゆのはら》とも呼ばれた美ヶ原《うつくしがはら》温泉（松本市）をさすと考えられる。

### 湧泉信仰と「熟田津の石湯行宮」

『日本書紀』には古来の湧泉信仰を示す記述も複数見られる。なかでも持統天皇七年（六九三）十一月十四日の「近江国益須郡《おうみのくにやすのこおり》（滋賀県旧野洲《やす》郡）の醴泉《れいせん》を飲んで試させた」という記述は、温泉ではなかったかと思わせる。「醴泉」は甘酒のような味がする湧泉のこと。重曹泉や有機物の腐植質（フミン質）を含む単純温泉では、口に含むと甘みを感じる。なお、古風土記（後述）が記す「酒水《さかみず》」は「色は水のようで味は少し酸《す》し」と炭酸味なので炭酸泉と考えられる。

次に、『日本書紀』斉明天皇七年（六六一）正月十四日に「御船《みふね》（天皇の船）、伊予の熟田《にきた》津《つ》の石湯《いわゆ》行宮に泊まる」という「熟田津の石湯行宮」は、伊予温湯宮や伊予温湯をさすのか、かねてより議論になっている。『万葉集』の先の歌「熟田津に　船乗りせむと　月待てば……」への山上憶良の注釈は、斉明天皇の伊予温湯再訪を暗黙の既成事実としている。しかし、伊予温湯宮は伊予温湯に設けた御所を言う。一時的にどの場所にも設営される「行宮」とは、用語概念から異なり、伊予温湯宮の別名とは言い難い。

『日本書紀』は、温泉地を一貫して「〇〇温湯」と表記し、例外的に「〇〇湯泉」とも言い換える。伊予湯、伊予温湯をこのときだけ「石湯」と別表記するのは不自然で、行宮の場所を「熟田津の」と前置きした記述にもそぐわない。それからすると、「石湯」は御船が停泊した海辺の港、熟田津にある地名または施設名をさすと考えるのが妥当だ。

緊迫する朝鮮半島に百済救援軍を派遣するため、この年七月に病死する斉明天皇が病をおして陣頭指揮をとり、九州へ向かう船団は、冬に多い逆風の北西風を避け、南東の春風と潮の流れ待ちに二カ月要した。そのため港の熟田津の「石湯」に急遽《きゅうきょ》、行宮を設けたのだ。

「石湯」には、瀬戸内地方にも多かった大陸・朝鮮半島由来の熱気・蒸気浴の石風呂《いわぶろ》を想定する向きもある。京都の八瀬《やせ》の釜風呂《かまぶろ》は有名である。しかし、石風呂には「湯」という言葉を使わない。熱気・蒸気浴と湯は用語概念が異なる。したがって、『日本書紀』景行天皇十七年三月条に記された日向国《ひゅうがのくに》の「子《こ》（児）湯縣《ゆあがた》」のように、単に地名と見たほうがよい。

## 5　古風土記や『万葉集』が物語る古湯

### 「温泉」の初出は『出雲国風土記』

『古事記』成立から一年後の和銅《わどう》六年（七一三）、朝廷は諸国に地理志をまとめ上げることを命じた。こうして献じられたのが後に『風土記』と呼ばれる報告書で、なかでも現存する出雲、播磨《はりま》、常陸、豊後《ぶんご》、肥前《ひぜん》の五カ国の風土記をそれ以降編纂された風土記と区別して、古風土記とも呼ぶ。問題は、後世のほかの書物に断片的に引用されて風土記逸文とされるもので、後世の手が加えられたり、逸文と認められないものが含まれる。

古風土記で特筆すべきは二つ。一つは、「温泉」という言葉が日本で初めて登場すること。二つ目は、各地の温泉の利用の姿や効能、温泉の特徴、あるいは誕生のひとこまなどが初めて記述されていることである。

「温泉」の初出は、唯一の完本で天平《てんぴょう》五年（七三三）完成の『出雲国風土記』である。「大《おお》原郡《はら》」の「海潮郷《うしお》」に「東北の須我《すが》の小川の……川中に温泉。とくに名はない。同じ川上の毛間《けま》の村の川中に温泉出《い》づ」とある。前者は風土記時代の地名が生きる海潮温泉（雲南《うんなん》市）で、後者は不明。『出雲国風土記』記載の温泉は、海潮温泉や不明のものを含めて五カ所に

図１－３　出雲湯村温泉の川辺の共同浴場

及ぶ。ほかは「出湯」や「薬湯」と表現され、温泉という言葉は使っていない。

仁多《にた》郡には温泉が二つ登場する。一つは斐伊川の支流・亀嵩川《かめだけがわ》から湧き出る温泉である。もう一つは、漆仁《しつに》の「川辺に薬湯あり」として、川辺に湧き出る温泉のにぎわいと薬湯の効能をほめ讃《たた》えられた（出雲）湯村《ゆむら》温泉である。ここでの温泉のにぎわいの描写と賛辞表現は、後出の玉造《たまつくり》温泉とほぼ同じで、すでにパターン化されていた。漆仁の湯と呼ばれた湯村温泉は、斐伊川上流の川辺の岩盤亀裂から摂氏四二度の清らかで肌がすべすべするアルカリ性単純温泉が今も自然湧出し、湯だまりが野天風呂になっている。一三〇〇年前の記録に書きとめられた温泉地の情景と源泉がほぼ同じ姿で保たれているのは稀有《けう》なことだ。

五番目が「意宇《おう》郡」の「忌部神戸《いんべかんべ》」の「川辺に出湯あり」と記された玉造温泉である。新任の出雲国 造《くにのみやつこ》が朝廷に参上するときここで沐浴する潔斎の土地だから、忌部神戸という。

「出湯の在る所、海陸を兼ねる（潮の満ち干で海にも陸にもなる)。よりて男女老少、或《あるい》は道路駱駅《つらなり》(行列して)……日に集い市を成し、繽紛《まが》いて燕楽《うたげ》(歌い乱れて酒宴する)、一たび濯《すす》げば則《すなわ》ち形容端正、再び沐《ゆあみ》すれば則ち万病悉《ことごと》く除《い》ゆ。古より今に至るまで、験《しるし》を得ずということなし。故《か》れ、俗人、神の湯と曰《い》う」

当時の泉源地は宍道湖《しんじこ》に注ぐ玉湯川《たまゆがわ》のほとりで、玉作湯《たまつくりゆ》神社が見守る「元湯」のあったあたりとされる。老若男女が集い、温泉の恵みにあずかって、「神の湯」と崇《あが》めていた。天皇や皇族だけでなく、庶民もまた温泉地に出かけ、利用していたことを示す貴重な記録である。

### 古風土記が記す温泉の誕生、特色

ほかの古風土記のうち、『常陸国風土記』は温泉への言及は見当たらない。『播磨国風土記』は「神前郡《かむさき》」の「湯川《ゆかわ》」に昔温泉が湧いていたという記述が一カ所ある。『豊後国風土記』と『肥前国風土記』は温泉についてしっかり記述している。

『豊後国風土記』は温泉記述もバラエティーに富む。圧巻は別府《べっぷ》湾の西「速見郡」の地獄地帯の描写である。湯の色が赤く泥土《でいど》を含み、入浴用ではなく家の柱を塗るために利用されている「赤湯《あかゆ》の泉」は、湯の色が黒くて湯気は燃え盛る火のように熱く、近づくことすらできず周囲の草木も枯れしおれる。人が近づいて大声をあげると「驚き鳴りて涌《わ》き騰《あ》がる」間欠《かんけつ》泉《せん》現象を示す「玖倍理湯井《くべりゆのい》」もあるなど、特色あふれる温泉が登場する。

湯の色や温泉から析出《せきしゅつ》される成分の多彩さは、酸性泉など泉質の多様性とともに、火山性温泉に恵まれた日本の優れた特色で、それが見事に活写されている。「赤湯の泉」は別府亀川《かめがわ》に近い血の池地獄に比定され、「玖倍理湯井」は「河直山《かわなおやま》」の東の崖にあるという「かわなお」が鉄輪《かんなわ》に該当するので、鉄輪地獄にあたるが特定はできていない。

「直入郡《なおいり》」で「二つの湯河有り、流れて神河《かみかわ》に会う」とある「神河」は、大分川支流の芹川《せりかわ》にあたる。二つの湯川が芹川と合流する所に湯原（湯ノ原）温泉と呼ばれた長湯《ながゆ》温泉がある。

『豊後国風土記』は、「日田郡《ひた》」の「五馬山《いつまやま》」のあたりで天武天皇時代の戊寅年《つちのえとら》（六七八）に大きな地震があり、崩れ落ちた山峡から熱泉がほとばしる温泉誕生のドラマも伝えている。おもしろいことに天変地異に驚きつつも、「この熱泉で飯を炊くと早く蒸せる」と現実的な目線も忘れない。また、紺色をした温泉が「常には流れず、人の声を聞けば驚き慍《いか》りて泥《どろ》を騰《あ》げる……」と、泥まじりで時に噴き上がる間欠泉であることもおさえている。

こうして誕生の年までわかる貴重な温泉はどこだろうか。五馬山に近い玖珠川《くすがわ》の谷間に今も高温泉が豊富に湧くのは天ヶ瀬《あまがせ》温泉（日田市）である。川底から自然湧出も見られ、泉質は硫化水素泉。硫黄を含むため青みがかり、風土記が伝える湯の特色に合致していよう。

『肥前国風土記』では、杵島《きしま》郡に「郡の西に湯泉《ゆい》出づる有り。巌《いわお》の岸（崖）けわしく高く……」とある。背後に尖《とが》った岩山の蓬莱山《ほうらいやま》がそびえる武雄《たけお》温泉（佐賀県武雄市）である。隣の藤津《ふじつ》郡で「東の辺に湯泉有り。能《よ》く人の病を愈《いや》す」とは、嬉野《うれしの》温泉（嬉野市）である。「高来《たかき》郡」には雲仙《うんぜん》温泉も登場する。「峰の湯泉《ゆ》……源は郡の南、高来の峰の西南之峰より出でて……熱きこと余《ほか》の湯と異なる。但《ただ》、冷水を和《まじ》えて、すなわち沐浴《ゆあみ》することを得。その味は酸《す》し。流黄《いおう》・白土《しらつち》及び和松有り……」と、泉源地を明らかにし、高温の酸性硫黄泉で、硫黄や酸性白土を析出させるという特色をおさえている。また、熱い源泉を浴用に加水冷却していた温泉利用の様子もわかる。今は雲仙と表記するが、泉源の峰は温泉岳《うんぜんだけ》と呼ばれていた。雲仙温泉はいわばダブルネーミングとなる。

## 『万葉集』に詠まれた温泉

続いて「温泉」という用語が使われるのは『万葉集』である。歌そのものにではなく、「紀温泉《きのゆ》に幸《みゆき》したまいし時に、額田王の作りし歌」（巻一）、「山部宿禰赤人《やまべのすくねあかひと》が伊予温泉に至りて作りし歌一首」（巻三）といったように、作者や詠まれた場所の説明、歌の注釈部分に使われている。

これらの部分を含めて、四五〇〇首以上の歌を収めた『万葉集』に登場する温泉地は道後、有馬、白浜の日本三古湯を加えても五カ所しかない。新規の二カ所のうち、一つは「帥大伴《そちおおとも》卿の次田《すきた》温泉に宿りて鶴の鳴くのを聞きて作りし歌」で、「湯の原に　鳴く蘆鶴《あしたず》は　吾《あ》が如《ごと》く　妹《いも》に恋ふれや　時わかず鳴く」（巻六）の次田温泉（福岡県筑紫野《ちくしの》市二日市《ふつかいち》温泉）である。大宰帥《だざいのそち》（大宰府長官）となった大伴旅人《たびと》が、大宰府に近い次田温泉に宿をとったとき、悲しく鶴が鳴き続けているのを聞き、自分のように亡き妻を恋しく想い鳴いているのであろうかとしのんで詠んだという。温泉地の古名の次田は「すいた」とも読む。

もう一つは東歌《あずまうた》に収められた、「足柄《あしがり》の　土肥《とひ》の河内に　出《い》づる湯の　よにもたよらに子《こ》ろが言はなくに」（巻一四）で、足柄の土肥は藤木川《ふじきがわ》が流れる神奈川県湯河原《ゆがわら》町の古名。後に源頼朝《よりとも》の決起を支える土肥氏の本拠地となる。歌に詠まれた湯河原温泉は藤木川の川原が泉源で、洪水のたび湧き出る場所があちこち移る不安定な状況だった。そうした「河内に出づる湯」のゆらぐ様を、恋人のゆれ動く気持ちにたとえたところに歌のユニークさがある。

こうして温泉という言葉が日本に登場するようになった。それでは当の漢字を生み出した中国ではいつ頃から使われたのだろうか。

紀元前の古典籍には使用例がなく、後漢《ごかん》時代の天文地理学者張衡《ちょうこう》の『溫泉賦《おんせんふ》』が初出となる。「温」は「溫」の俗字体で、中国の古典では「溫泉」と表記される。『溫泉賦』は、後の唐代に華清池《かせいち》として知られる驪山《りざん》の温泉を張衡が訪れて書いたもので、「流行病が有れば、温泉に泊まって穢《けが》れを流す」と、温泉の効果にも言及している。

以降、東西両晋・南北朝時代に編纂されたという『西京雑記《せいけいざっき》』にも登場し、六世紀初めに北魏の酈道元《れきどうげん》が編纂した地理書『水経注《すいけいちゅう》』に至ると、中国各地の温泉紹介を通じて「温泉」という用語が多出する。さらに「温泉有れば、療疾に験有り」（巻一三）などと、温泉療養と効能もよく語られるようになる。中国の文物を通じて古代日本で温泉関連用語が使われ始めるが、湯の文字が入る「温湯」「湯泉」が先行し、「温泉」が後発となるのは興味深い。

## 6　仏教が導く日本の入浴・温泉文化

### 『仏説温室洗浴衆僧経』の伝来

奈良時代に初登場する温泉地には、行政文書から明らかになるものもある。東大寺正倉院《とうだいじしょうそういん》文書に収められた天平十年（七三八）の「駿河国正税帳《するがのくにしょうぜいちょう》」に「病に依《よ》り下野国那須湯《しもつけのくになすのゆ》へ下向する従四位下小野朝臣《じゅしいのげおののあそん》……」との記述が見られる。従四位下の駿河国（静岡県）高官の小野氏が下野国（栃木県）の那須湯本《ゆもと》温泉に病気療養を願い出て下向した記録だ。温泉行は病気療養と結びついている。駿河国からはるばる出かけたのだから、卓越した酸性泉の那須湯本温泉は当時すでに効能が知られていたのだろう。

正倉院文書には、日本の入浴・温泉文化史上特筆すべき仏教経典名も記載されている。『仏説温室洗浴衆僧経《ぶっせつうんしつせんよくしゅそうきょう》』で、唐に渡った僧や渡来僧が持ち込んだ経典の一つ。入浴・温浴の功徳《くどく》を説いた略称『温室経』は、七つの物を用いて湯浴みすれば七つの病を除き、七つの福を得ると説く。七物の七番目が「内衣《ないい》」。はだかを戒め、内衣（湯帷子《ゆかたびら》。後の浴衣）着用の入浴を求めた。『温室経』は寺院浴堂・温室での入浴規範を説いたが、広く入浴の場における規範、入浴作法となる。その慣習は、後に述べるが江戸中後期まで続く。《日本人ははだか入浴が伝統》というのは、近世末期に至ってようやく通用する単なる思い込みにすぎない。日本の気候風土に入浴・温浴習慣は好ましい。温泉も多く、温浴機会に恵まれていた。入浴・温浴を奨励する仏教の普及は、温泉を含む入浴文化の普及に大いに寄与した。

## 《開湯一三〇〇年》伝承の背景

仏教は温泉地にも影響を与えた。歴史の古さを誇る根拠とする開湯伝承、開湯の時期によく示されている。開湯伝説には開湯一三〇〇年とか、開湯一二〇〇年などとうたう例が少なくない。前者は奈良時代前期、後者で奈良時代半ばなら元号に天平が付く年間（七二九〜七六七）、平安前期なら大同《だいどう》年間（八〇六〜八一〇）が多い。これは偶然の一致だろうか。

こうした開湯伝承は、温泉発見伝説の代表的類型の一つ、高僧発見伝説に属している。日本の温泉発見・開湯には、古来の山岳信仰と仏教、密教が結びついた修験道の修験者や寺院に属さず聖《ひじり》と呼ばれた山林修行僧の活動が寄与したと考えているが、修験道の祖とされる役小角が発見伝説に登場するのも一例である。

大化の改新後、国を挙げて仏教興隆をはかるが、直接民衆への布教活動や社会事業は制限されていた。その中で行基《ぎょうき》らは布教と社会事業に取り組み、名を知られるようになっていた。一方、修験者・聖らによる山林修行の行場開発もより盛んになる。開湯一三〇〇年伝承の奈良時代前期はその最初のうねりとなる時期であった。養老《ようろう》元年（七一七）に朝廷は百姓《ひゃくせい》（一般公民）がみだりに僧尼になることを禁じたほどである。

この時期に山岳修験者・聖や動物がからんで温泉を発見したという開湯一三〇〇年伝承を持つ温泉地は、湯田川《ゆたがわ》温泉（山形県）、石川県の山代《やましろ》温泉と白山《はくさん》の開創者泰澄《たいちょう》和尚の名が登場する粟津《あわづ》温泉、湯《ゆ》の山《やま》温泉（三重県）、城崎《きのさき》温泉（兵庫県）などが挙げられる。

次に奈良時代半ばは、東大寺大仏を開眼《かいげん》供養し、仏教国家を現出させた聖武《しょうむ》天皇と光明《こうみょう》皇后、娘の孝謙《こうけん》天皇（重祚《ちょうそ》して称徳《しょうとく》天皇）の治世、広義の天平年間である。その時期に全国的に疱瘡《ほうそう》（天然痘）が流行したことも背景となり、箱根湯本温泉は、「天平年中（七二九～七四九）または天平十年（七三八）に関東に疱瘡が流行したとき、泰澄の弟子浄定《きよさだ》坊が湯本に来て、白山権現《ごんげん》を勧請《かんじょう》（神仏の分身を移して祀《まつ》ること）し、修法《しゅほう》を行なうと霊泉が湧き出し、浴した人は疱瘡が治った」という開湯縁起（「熊野権現願文《がんもん》」）を持つ。開湯のキーワードは天平年間、白山信仰、泰澄、疱瘡となる。

天平年間開湯伝承を持つのは、ほかに東山《ひがしやま》（天寧寺《てんねいじ》）温泉（福島県）、塩江《しおのえ》温泉（香川県）などが挙げられるが、キーワードは行基となる。行基は東大寺造営に貢献し、天平年間に行基菩薩《ぼさつ》と讃えられて名声は頂点に達している。

そして平安前期の大同年間は、唐から帰国した最澄《さいちょう》や空海《くうかい》が天台宗と真言宗を開き、布教活動を活発化させる時期。各地の聖や寺院僧らに刺激を与え、それが後に各地の開湯伝承に反映されていったと思われる。肘折《ひじおり》温泉（山形県）、塩原《しおばら》温泉郷（栃木県）、修善寺《しゅぜんじ》温泉（静岡県）などが例である。修善寺温泉では、開湯のキーワードは修禅寺、空海となる。

## 弘法大師空海と湧泉・温泉開発

仏教が温泉世界に及ぼした影響を体現する高僧として、行基に続き弘法《こうぼう》大師空海の名が挙がる。どちらも開湯伝承によく登場するが、その広がりにおいて空海に勝る高僧はいない。空海はなぜこれほど各地の泉井《せんせい》開発・開湯伝説に名を残せたのだろうか。

古い時代の高僧なら、だれでも伝説に名を残せたわけではない。名を残す高僧には共通項がある。行基と空海にそれを見ると、第一に、社会事業に携わって民衆の信望を集め、知名度抜群だったこと。当時からすでに信仰対象ともなっていた。空海の故郷讃岐国《さぬきのくに》の国司が、満濃池《まんのういけ》修築の別当《べっとう》（責任者）に空海をあてるよう朝廷に願い出たのも、「民から父母のように恋慕されている空海がいれば、多くの民が集まってこれに従う」という理由からであった。二番目に、山岳修験・山林修行者としての側面を持ち、各地を巡る人だったこと。三番目に、鉱物資源や水、湧泉・温泉、木材の在《あ》りかなど総じて山水に明るい人だった点で共通する。

空海は弘仁《こうにん》七年（八一六）、嵯峨《さが》天皇に高野山《こうやさん》を入定《にゅうじょう》（入滅）の地として請願した奏上文に「空海、少年の日好んで山水を渉覧して……」（『性霊集《しょうりょうしゅう》』巻九）と述べている。唐で仏典のみならず土木工学、鉱物、医薬など幅広く学問技術を学んだ。山林を渉猟する彼らは第一級の鉱物・温泉探査技術者とも言えた。彼らが持つ錫杖《しゃくじょう》は、険しい山野を渡渉する際の杖《つえ》、獣を追い払う武器、地面や岩石をうがつ資源探査棒ともなった。嵯峨天皇が病のとき、空海は加持《かじ》した「神水一瓶」を献上した。飲泉効果をもたらす鉱泉・温泉水だったかもしれない。

二番目の行動範囲について、行基が社会事業や東大寺造営に必要な木材、金属資材集めに巡った先は主に畿内に限られた。より徹底した山林修行者の空海の行動範囲はもっと広く、それが後の開湯伝説形成に影響したはずである。

さらに仏教僧の側、なかでも山岳修験者・山林修行の聖には、水や湧泉・温泉を発見する動機があり、その機会を持ち得たことが指摘できる。

山岳・山林の行場・霊場を巡り、ときには寺院造営の要請を受けて鉱物資源、木材を調達する彼らは、行き先で自然に湧き出る湧泉・温泉に出会う可能性は現実に大であった。周囲は雪が残るのにそこだけ雪が溶け、地面がなま温かい所を錫杖でうがつと、温泉水がにじみ出てきたこともあったろう。彼ら自身も水や湧泉・温泉を必要とした。平安初期に奈良薬師寺《やくしじ》の僧景戒《きょうかい》が編集した『日本霊異記《にほんりょういき》』は、役小角が清い泉で髪をすすぎ、世俗・煩悩の垢《あか》をすすいだ、と記す。山岳修験・山林修行者は身を清める沐浴を重視していた。

仏に供える法水、行に使う加持水などの泉水を梵語《ぼんご》で閼伽《あか》と称し、行場・霊場・寺院では閼伽井《あかい》を確保する必要があるが、湧泉は貴重な閼伽井となる。唐に渡る前、故郷讃岐を含む四国一円の修行場・霊場で修行した空海を慕う僧・聖らが、足跡をたどって「四国の辺地《へち》・辺道」巡りを始めたのが四国遍路のルーツの一つとされる。後に堂宇が建てられた札所には閼伽井や閼伽谷、温泉を含む泉水井、鉱泉にちなむ山号が多く残されている。

行基や空海が実際にどこまで温泉を発見・開発できたかはさておき、行基菩薩や弘法大師信仰が広がる後世になると、彼らを慕い、後を継ぐ修行僧・聖らによって開かれた泉井や温泉までもが、最も高名で民衆の崇敬を集める両名を右代表として発見・開湯の当事者たる栄誉を委《ゆだ》ねた。それが伝承として語り継がれるようになったのではないだろうか。

# 第二章　王朝と温泉の縁
## ——平安時代

### 1　王朝文学が照らす温泉

#### 温泉の主な受容者は貴族

桓武《かんむ》天皇は即位（七八一）後平城京を離れ、延暦《えんりゃく》三年（七八四）には山城国《やましろのくに》（京都府）の長岡京《ながおかきょう》に遷都。次いで延暦十三年（七九四）、平安京に再遷都した。平安時代の始まりは嵯峨天皇へと続く天皇親政的な試みでもあった。しかし藤原良房《ふじわらのよしふさ》が貞観《じょうがん》八年（八六六）に正式に摂政《せっしょう》に就いて以降、藤原氏が摂政や関白《かんぱく》の地位を担うと、実権は彼らに移る。それは温泉の主な受容層も藤原氏を中心とする朝廷貴族に移ることを意味した。

これには臣籍降下した多数の皇子も含まれる。平安時代、説話集や和歌集、物語、日記など多彩な文学作品が貴族をとりまく人たちの手で生みだされる。作品を通じて温泉がどのように表され、受容されていくかを見よう。

初の勅撰《ちょくせん》和歌集として平安初期に紀貫之《きのつらゆき》らが編んだ『古今《こきん》和歌集』（巻九）の羇旅《きりょ》歌中に、「但馬国《たじまのくに》の湯へまかりけるときに、ふたみの浦という所にとまりて……」の詞書《ことばがき》が見いだされる。「但馬国の湯」は城崎温泉のこと。城崎温泉はこれ以降よく登場する。温泉療養に向かう途中で歌を詠んだ貴族は、中納言《ちゅうなごん》藤原兼輔《かねすけ》である。

十世紀前半成立の『竹取物語』にはかぐや姫へ求婚した公達《きんだち》の一人、庫持皇子《くらもちのみこ》が温泉療養を口実に休暇を願い出る話がある。求婚に応じる気もないかぐや姫が出した条件は、はるか東方海上にある「蓬萊《ほうらい》の珠《たま》の枝を取ってくること」。一計を案じた皇子は、朝廷に「筑紫《つくし》の国に湯浴みに行ってまいります」と休暇を願い出て許可される一方、かぐや姫には「珠の枝を取りに行ってまいります」と伝えさせる。見送りの人をあざむくため難波《なにわ》の港から九州へ船出したと思わせて船を戻し、近在に用意した隠れ家で工匠らに金銀真珠を使って蓬萊の珠の枝もどきを作らせた。東方より持ち帰ったように見せかけ、かぐや姫にせまる……。

皇子がアリバイ工作に使った著名な筑紫の国の温泉といえば、『万葉集』で大伴旅人が歌に詠んだ次田温泉しかない。大宰府勤務の官人や警備の武人、周辺の寺僧らが入浴する官許の温泉場で、都の貴族もたびたび訪れていた。

次田温泉については平安末期に後白河《ごしらかわ》法皇が編纂した『梁塵秘抄《りょうじんひしょう》』（巻二）に、「次田の

図２－１　大宰府の観世音寺

御湯《みゆ》の次第は　一官二寺三安楽寺《あんらくじ》　四には四王寺《しおうじ》　五　侍《さぶらい》　六膳夫《ぜんふ》……十には国分の武蔵寺《むさしでら》　夜は過去の諸衆生《しゅじょう》」と詠まれた歌謡から、入浴にも優先順位のある秩序立った温泉場だったことがわかる。最優先は大宰府の役人、二番目が観世音寺《かんぜおんじ》、三番目が安楽寺（太宰府天満宮）、四番目が四王寺の僧、五番目が大宰府警備の武人、六番目に大宰府の料理人……と続く。僧侶も寺院の格に応じて順番があったのだ。最後は一般庶民で、それをすでに亡くなった諸々の人、要するに亡霊たちが夜に入りにくると置き換えたオチに味わいがある。この表現には、中世世界へつながっていく温泉場や入浴の場が持つ開放性、一種のアジール性が示唆されている。

平安時代、城崎温泉なども登場するが、やはり有馬温泉を忘れてはならない。都の平安京から途中淀川《よどがわ》を舟で行き来できるため、以前より有馬温泉の利便性、価値は高まっていた。『竹取物語』に続き、初の長編物語として十世紀半ば頃に成立した『うつほ物語』では登場人物の一人、兵衛佐《ひょうえのすけ》の良岑行政《よしみねゆきまさ》が有馬温泉に出かけた話がある。行政は温泉療養を理由に有馬に出かけたはずだが、「摂津国有馬の湯に行き、おもしろい所をめぐり、興味深い所を見るにつけても物思いにふけってしまって……」と、もっぱら名所めぐりで、具合悪そうにも療養に専念しているふうにも見えない。重いのはむしろ恋わずらい。「しほたるる……」と、古来「塩の湯」とも呼ばれた有馬の湯と流す涙をかけて恋心を詠んだ歌に手紙を添えて供の童《わらべ》に託し、都へ届けさせてもいる。平安貴族にとって有馬は、便利な温泉療養先にも保養地にもなりつつあった。さすがに恋の病は治せなかったが。

## 名所化する温泉

藤原道長《みちなが》全盛期の十一世紀前半に成立した紫式部の『源氏物語』には、すでに有名になっていた伊予の温泉の湯桁《ゆげた》の話が、第三帖《じょう》「空蟬《うつせみ》」と第四帖「夕顔」とに二回出てくる。「空蟬」では空蟬と伊予介《いよのすけ》の娘が碁石を数えるとき、伊予の湯桁を数の多いたとえに使っている。湯船を木材で格子状に組んで区画を設け、入浴の便宜としていたらしい。「夕顔」には、伊予国から戻った伊予介に光源氏《ひかるげんじ》が「湯桁はいくつ」あるか聞こうとして思いとどまる場面がある。王朝貴族にとって伊予の温泉は、湯桁を通じて名所になっていたようだ。

藤原道長の娘で一条《いちじょう》天皇の二番目の妃（中宮《ちゅうぐう》）彰子《しょうし》に仕えた紫式部《むらさきしきぶ》とほぼ同時代、一条天皇の妃定子《ていし》に仕えた清少納言《せいしょうなごん》の『枕草子《まくらのそうし》』にも、温泉の名所化を示すような記述がある。ただし、原初本に近いとみなされる三巻本系統には無く、清少納言と姻戚《いんせき》筋の歌人能因《のういん》法師の伝本とされる能因本系統に加えられており、清少納言自身が書いたのかはっきりしない。

「湯は、ななくりの湯　ありまの湯　たまつくりの湯」

　写本により表現には多少異同があっても、温泉名はこの三ヵ所。清少納言が選んだ三名湯と言いたくもなろうが、「ありまの湯」以外はどの温泉地をさすのか議論が分かれる。

「たまつくりの湯」は、『出雲国風土記』に玉作湯社《たまつくりのゆのやしろ》の存在や川辺に湯が出ると記された玉造温泉の名がまず挙がる。とはいえ、鳴子《なるこ》温泉郷（宮城県）も無視できない。

　古代の陸奥国《むつのくに》（青森・岩手・宮城・福島県）の城柵《じょうさく》である玉造塞《さく》に近い。四番目の国史『続日本後紀《しょくにほんこうき》』（巻六）に承和《じょうわ》四年（八三七）四月十六日、「玉造塞の温泉石神が雷のような音を振るわせて昼夜止《や》まず、温泉が河のように流れ出た。その色は漿《しょう》のよう……」と温泉誕生のドラマが報告された。このとき大石の間から大量に湧出した温泉は米の煮汁（漿）のように白く濁った硫黄泉だろう。後にそこに「温泉石神」を祀る社を建てた。それが鳴子温泉郷川渡《かわたび》温泉の温泉石《おんせんいし》神社で、承和十年（八四三）九月五日には「玉造温泉神」に神階《しんかい》（朝廷から神社の祭神に奉った位階）を授けたことも同書は記載するが、こちらはそのとき誕生した潟沼《かたぬま》がある鳴子温泉の温泉神のこと。これ以降、陸奥の玉造温泉も中央で知られるようになったはずである。

「ななくりの湯」については、平安中後期の女性歌人相模《さがみ》が『後拾遺《ごしゅうい》和歌集』に「つきもせず　恋に涙をわかすかな　こやななくりの　出湯なるらむ」という恋歌を詠んでいる。

「ななくりの湯」は榊原《さかきばら》温泉（三重県）が最有力候補である。

榊原温泉は延長《えんちょう》五年（九二七）撰上の『延喜式《えんぎしき》』（巻九・一〇）「神名帳《じんみょうちょう》」に温泉《ゆ》の神を祀る射山《いやま》（湯山）神社が記載され、一帯は古代から一志《いちし》郡（『倭名類聚抄』）に属し、伊勢《いせ》神宮に榊を奉納する御厨《みくり》の地でもあった。一志郡には明治時代に七栗《ななくり》村もあり、古くは七つの御厨が集まって神領になっていたので「ななくり」とも呼ばれていたと言われる。

鎌倉後期にそれまでの和歌を集めた『夫木《ふぼく》和歌抄』（巻二六・雑八）は、「一志なる　ななくりの湯も　きみがため　恋しやまずと　きけばものうし」という、平安後期の貴族で小倉《おぐら》百人一首でも知られる大納言源経信《つねのぶ》の歌を収めている。経信以外にももう一首、「ななくりの湯」を詠んだ歌を『夫木和歌抄』は収めている。「一志なる　巌根《いわね》に出《い》づる　ななくりの　けふはかひなき　湯にもあるかな」で、平安後期と思われるが作者は定かでない。「かひなき」の「かひ」は「ななくりの湯」つまり榊原温泉の元の泉源地で貝の化石が多数出土する貝石山《かいせきやま》（湯山）の「貝」と掛けている。

「ななくりの湯」を「七苦離の湯」として別所《べっしょ》温泉（長野県）とする説もある。温泉霊場に始まる古湯だが、仏教にちなむ湯名は後付けと思われる。平安時代の和歌に「一志なる七くりの湯……」と地域が特定され、二首目には地元の泉源地名も詠み込まれているから、一志郡の榊原温泉が妥当であろう。

### 歌枕となった温泉

このように平安時代の和歌集からは、温泉の名所化が定着し、歌枕になっていく流れが見てとれる。『古今和歌集』『後撰《ごせん》和歌集』に続く勅撰三代集の最後、一条天皇の代（九八六〜一〇一一）に成立した『拾遺和歌集』（「物名《もののな》」）には、「いぬかひのみゆ」「なとりのみゆ」「さはこのみゆ」と、「みゆ（御湯）」を冠した三つの温泉名を詞書に、歌にも温泉名を隠し入れた和歌が以下のように載っている（ゴシックは筆者）。

「鳥の子は　まだ雛《ひな》ながら　たちて去《い》ぬ　**かひの見**《み》**ゆ**るは　巣守《すもり》なりけり」

「覚束《おぼつか》な　雲のかよひ路　見てしがな　**鳥**《とり》**のみ往**《ゆ》けば　跡はかもなし」

「あかずして　別るる人の　すむ里は　**さはこの見**《み》**ゆる**　山のあなたか」

このうち詞書「なとりのみゆ」の歌は、皇族から臣籍降下した平《たいらの》兼盛《かねもり》が作者となっている。御湯とあるのは皇族がかかわったからか。歌枕になった「なとりのみゆ（名取の御湯）」

は、陸奥国名取郡にあった温泉で、秋保《あきう》温泉（仙台市）と考えられる。

「いぬかひのみゆ」と「さはこのみゆ」の二首は読み人しらずで、先立つ和歌も見当たらず、『倭名類聚抄』の郡・郷名に該当するものはない。「さはこのみゆ」は「佐波古（三函）」の地名を持つ、『延喜式』神名帳記載の温泉《ゆ》神社があるいわき湯本温泉（福島県）に比定されるが、みゆ（御湯）の由来はわからない。こうした歌枕としての温泉の流れをまとめたのが、順徳《じゅんとく》天皇による鎌倉初期の歌学書『八雲御抄《やくもみしょう》』である。

巻第五「名所部」に「温泉（湯）」の項を設け、「あしかりのゆ」「ありまのいでゆ」「ななくりのいでゆ」「しなののみゆ」「いよのゆ」「なすの（ゆ）」「なとりのみゆ」「つるまの（ゆ）」「いぬかひのみゆ」の九カ所を挙げる。写本に一部注記があるのも参考に、あしかりのゆ（湯河原）やなすのゆ（那須湯本）以外の残る歌枕の温泉をみよう。

「つるまの（ゆ）」は「つかまの（ゆ）」の誤記で、「しなののみゆ」「いぬかひのみゆ」を含めて信濃国の温泉とみなされている。つかまの湯は『日本書紀』記載の束間温湯で、美ヶ原温泉をさすと述べた。応徳《おうとく》三年（一〇八六）完成の『後拾遺和歌集』に「修理大夫《しゅりのだいぶ》惟正《これただ》が信濃守に従って信濃国に下向した時つかまの湯をみて」という詞書で、三十六歌仙の一人源重《しげ》之《ゆき》が「出づる湯の　わくにかかれる　白糸は　くる人たえぬ　ものにぞありける」と詠んだ歌の白糸の湯も、つかまの湯と同じ温泉と詞書から確認できる。

つかまの湯は天武天皇が行幸を計画した温泉なので御湯の名にふさわしく、「しなののみゆ」はその言い換えだろう。残るは「いぬかひのみゆ」で、古代に「犬養部《いぬかいべ》」を諸国に置いた名残の地域の温泉と思われるが、美ヶ原温泉のある松本市には「犬飼新田」の地名もある。歌に「みゆ」と付く由来を考えると、これもつかまの湯の言い換えではないか。

「いぬかひのみゆ」には別所温泉と野沢《のざわ》温泉も挙がる。野沢は共同湯「大湯（惣湯《そうゆ》）」を明治時代に改築したとき、当時の県知事がこの「いぬかひのみゆ」の歌枕を借りて「犬養の御湯」と呼んだ後付けの呼称で、古代の「いぬかひのみゆ」とは結びつかない。

## 2 地獄にも極楽にもなる温泉へのまなざし

### 『今昔物語集』に見る温泉の地獄と極楽

平安後期に成立した説話集『今昔物語集』には、巻一四に「修行僧、越中立山《えっちゅうたてやま》に至りて若き女に会いたること」と「越中国書生の妻、死して立山地獄に堕《お》ちること」の二つ、巻一七には「越中立山地獄に堕ちた女、地蔵の助けを蒙《こうむ》ること」と、立山地獄の話が載っている。

そこは「谷に百千の出湯有り、深き穴の中より涌き出づ……熱気満ちて人近づき見るに極

図2－2　立山地獄谷

めて恐ろし」「昔より……日本国の人、罪を造って多くこの立山の地獄に堕つと云《い》う」と、熱泉ほとばしる恐ろしい地獄として描かれている。

越中国（富山県）の立山地獄（地獄谷）は標高二三〇〇メートル。日本最高所に湧く泉源地帯で、泉質は硫化水素泉（硫黄泉）である。自然湧出する熱泉には限りがあり、湯煙立つ水蒸気や噴気で温泉を造成し、周辺の宿泊施設に配湯している。その中でみくりが池温泉は標高二四〇〇メートル。立山連峰を見渡す日本最高所の温泉地となっている。

人は罪を背負って亡くなると、立山地獄に堕ちると信じられてきた。物語はいずれも立山地獄に堕ちた人や肉親を僧が供養する話になっている。実際に地獄谷は火山ガス、硫化水素ガスを噴き上げる危険な場所で、熱泉沸き返り、熱気のすごさに近づけない様子が、堕ちれば釜で煮え立てさせられるという地獄景観を想像させたのだろう。

高温の火山性温泉が多い日本では、『豊後国風土記』に記されたように温泉湧出現象はときに荒々し過ぎるほど。近づけないから温泉利用もできず、地獄の責め苦を想起させる場となった。仏教が説く因果応報や、善行を積めば地獄の苦しみも軽減されるという説得材料の立山地獄は、霊場となり、超常的な温泉湧出現象は人々に温泉への畏怖の念をも育んだ。

平安時代の文献には登場しないが、立山と並ぶ霊場で、温泉が湧出し、地獄景観の一端をかいま見せるのが下北《しもきた》半島の恐山《おそれざん》である。開祖は平安前期の天台宗三代座主《ざす》・慈覚大師《じかくだいし》円仁《えんにん》と伝わるが、盛んになる山林修行僧の行場、霊場開発の流れを背景に開かれたと思われる。『今昔物語集』にはほかにも、温泉にかかわる興味深い話が収められている。「信濃国の王《わ》藤《とう》観音出家すること」（巻一九）である。

話は「信濃国、□□の郡に□□の湯と云う所有り」と、温泉名が欠字でわからない。しかし、同じ話を載せた鎌倉前期成立の『宇治拾遺《うじしゅうい》物語』は、「信濃国筑摩湯に観音沐浴の事」と明快に記す。「束間（筑摩）温湯」として古来知られた美ヶ原温泉が舞台である。

「薬湯」で知られる温泉の地元の人が、「明日の正午に観音様が湯浴みにやって来る」と夢で告げられた。観音様の風体も夢で教わったので、里人に伝えると、温泉場には大勢の人が集まり、湯を入れ替え、周囲を掃除して、しめ縄も引き、香花も供えて、来湯を待ちわびた。そこに夢で教わった風体そっくりの男が入りに来たので、里人はひたすら礼拝する。観音様と間違われた男は運命を感じて出家し、法師になった。はき清められ、香花を供え、観音様まで湯浴みに訪れようとする「薬湯」は、この世に現出した極楽のようであった。

『今昔物語集』はこのように、死者が堕ちる地獄となる温泉とその対極に現世の極楽さながらの温泉場まで、当時の人々の温泉への多様なまなざしを活写している。

## 熊野詣での湯垢離場と石山寺参詣の斎屋

平安時代の貴族にとって、熊野詣でを筆頭に寺社参詣《さんけい》も温泉と出会う機会となり得た。紀伊半島の奥深い山地の北の入口となる吉野《よしの》の山（金峯山《きんぷせん》）から大峰《おおみね》山脈を貫いて南の熊野三山まで山林修行の地、霊場であった。海辺の「牟婁《むろ》温湯」を含む広大な古代の牟婁郡（和歌山県・三重県南西端）の一角を熊野は占めている。熊野三山は山岳信仰と熊野灘《なだ》を往来する海洋民の信仰の両方を集める聖地とみなされていた。

法皇・上皇・女院らの熊野詣では延喜七年（九〇七）の宇多法皇に始まり、十世紀終わり頃の花山《かざん》法皇がこれに続き、平安後期から鎌倉時代に絶頂期を迎える。平安後期の歴史物語『栄花《えいが》物語』は、花山法皇の熊野詣でを「かの花山院は、去年の冬、山にて御受戒せさせたまいて、その後熊野に詣らせたまいて……」（巻三）と記している。

熊野三山の中心、熊野本宮近くには温泉で身を清め、疲れを癒す湯垢離場《ゆごりば》の湯の峰温泉が控えていた。世界文化遺産「紀伊山地の霊場と参詣道」を構成する熊野参詣道の「中辺路《なかへち》」に含まれ、日本で初めて世界遺産の温泉地となっている。当地の温泉を守護する東光寺《とうこうじ》の本尊の湯《ゆ》の胸《むね》薬師は、温泉成分の炭酸カルシウムが堆積《たいせき》してできた噴泉塔が薬師如来の姿をした秘仏ご神体だ。温泉名もこれから付いたと思われる。

右大臣藤原宗忠《むねただ》はこの湯垢離場を体験した。天仁《てんにん》二年（一一〇九）十一月一日、舟で熊野川をさかのぼり、熊野本宮の宿坊に着いて休憩後、山坂を上って湯の峰温泉に向かった。泉源湯つぼのある「湯屋」（つぼ湯）で入浴したが、小さな川の谷底から湧き上がる熱い源泉に「寒水」を加えて、絶妙な湯加減になっていた。「誠にめずらしいことだ。これは神の験《しるし》にほかならない。この湯に浴すれば万病を消除するといわれる」と、感激を宗忠は日記『中右記《ちゅうゆうき》』につづっている。効果はてきめんだったようで、宗忠は数え八十歳の長寿をまっとうした。

平安時代に寺社参詣による温泉との出会いの可能性がもう一つある。琵琶湖《びわこ》から流れ出る瀬田川《せたがわ》西岸にそびえる岩山信仰の聖地、観音霊場として名高い石山寺《いしやまでら》（滋賀県大津市）で、温泉に浴せたであろう王朝文学の名だたる才媛《さいえん》たちには、紫式部や『蜻蛉日記《かげろう》』の作者藤原道綱母《みちつなのはは》、『更級日記《さらしな》』の作者菅原孝標女《すがわらのたかすえのむすめ》も含まれる。

石山寺が建つ岩山は、石灰岩が地中から突出した花崗岩《かこうがん》と接触する際の熱変質による珪灰《けいかい》石《せき》という大理石の一種でできている。一般に花崗岩地帯は岩石に含まれていたラドンを水中に溶出しやすく、冷泉の放射能泉が湧出しやすい。

本尊は如意輪《にょいりん》観音で、悩みや願い事を抱えた女性が多く参詣する。紫式部も詣で、七日間の参籠《さんろう》中に『源氏物語』執筆の構想を得たという部屋が保存されている。また、「暮れかかるほどに詣で着きて、斎屋《ゆや》に下りて御堂《みどう》に上る……」(『更級日記』)、「斎屋に物など敷きたりければ、行きて臥《ふ》しぬ。……夜になりて、湯などものして、御堂に上る……堂は高くて、下は谷と見えたり……見おろしたれば、麓《ふもと》にある泉は、鏡のごと見えたり」(『蜻蛉日記』)と、『更級日記』や『蜻蛉日記』にも参詣の様子が記されている。

参籠者は、本堂に籠《こ》もる前に瀬田川と反対側の岩山下の谷に設けた斎屋に下り、沐浴するのがならわしだった。『蜻蛉日記』に「湯などものして」とあるから、季節によって加温していたのだろう。また、谷の麓に鏡のような水面の「泉」が見えたとも記す。後の『石山寺縁起』にこの泉「龍穴《りゅうけつ》」が描かれており、水が澄み、「往昔の霊池」とみなされた泉池は龍穴洞からの湧泉をたたえている。この湧泉が斎屋や閼伽井《あかい》に利用されていたはずである。

この湧泉が昭和三十年代にラドンを含む放射能泉と認められ、石山温泉と呼ばれる。紫式部をはじめ参籠者は知る由もなかったが、斎屋での沐浴によって鎮静効果も期待される放射能泉を体験し、より観音信仰を深めたことだろう。

## 3　温泉の神が守る温泉地

### 『延喜式』神名帳が記す温泉の神

平安時代の『延喜式』神名帳は、全国の神社一覧を公に初めて記載したものだ。これを延喜式内社と呼び、その中に温泉《ゆ》神社、湯神社、湯泉《ゆの》神社、御湯《みゆ》神社といった名称の温泉神社が含まれる。温泉神社の所在から逆に温泉地がわかる。神社名には、先の榊原温泉の射山神社や湯田川温泉の由豆佐売《ゆずさめ》神社のように一見温泉神社とわからない社名まで、少なくとも全国一〇社に及ぶ温泉神社が確認できる（表2）。

同時代の『倭名類聚抄』が記す「巨濃《この》郡岩井《いわい》郷」にある岩井温泉（鳥取県岩美町《いわみちょう》）や湯田川温泉など新たな古湯の存在がわかるのもありがたい。神名帳は神社名のみを記載する。神社名はその名前の神を祀る社《やしろ》を意味しているから、神社名を載せれば祭神名を挙げる必要はない。温泉神の本質にかかわるが、温泉神社は温泉《ゆ》（温湯・湯泉・湯）の神を祀る社を意味する。元来祀られた温泉の神に加え、温泉神社に大国主命《おおくにぬしのみこと》といった新参の祭神名が記載されるのは、相殿《あいどの》で祀られるようになってからである。

表2　『延喜式』神名帳に載る温泉の神社

| 温泉の神社名 | 所在温泉地(県名) |
|---|---|
| 由豆佐売神社 | 湯田川(山形県) |
| 温泉神社 | 鳴子(宮城県) |
| 温泉石神社 | 川渡(宮城県) |
| 温泉神社 | いわき湯本(福島県) |
| 温泉神社 | 那須湯本(栃木県) |
| 射山神社 | 榊原(三重県) |
| 湯泉神社 | 有馬(兵庫県) |
| 御湯神社 | 岩井(鳥取県) |
| 玉作湯神社 | 玉造(島根県) |
| 湯神社 | 道後(愛媛県) |

初の公式一覧の『延喜式』神名帳は、温泉神社の初出記録とは言えない。たとえば玉作湯神社は「玉作湯社」の名で『出雲国風土記』の意宇《おう》郡の社一覧に記されていた。仁多郡の社一覧に記された「漆仁社」は、漆仁の湯と呼ばれた（出雲）湯村の温泉の社で、泉源の川岸にせまる湯船山に鎮座していた。漆仁社は江戸時代に「湯布《ゆぶ》祢《ね》大明神」（『出雲神社巡拝記』）と称され、明治四十年（一九〇七）にほかの社と合殿して温泉神社と改称している。このように当時すでに『延喜式』神名帳に記載されない温泉神社があったのだ。

次に、『延喜式』神名帳に記載される以前はどのような状況にあったのか。

『古事記』『日本書紀』にあまたの神が登場しても、温泉の出づる国なのにじつは温泉の神は登場しない。『続日本紀』にも、三番目の国史で承和七年（八四〇）完成の『日本後紀《にほんこうき》』にも登場しない。もちろん、記載されていないから存在していなかったとは言えない。そしてようやく、四番目の国史『続日本後紀』の承和四年（八三七）に記された先の「玉造塞温泉石神」が、温泉の神の国史初登場記録ともなったのである。

### 神階を授与される温泉神

国史を通じて全国の主な神の所在が次第に明らかになると同時に、温泉の神にも人間同様に位階（神階）を授け、しかも位を上げていく様子が見えてくる。

たとえば、六番目の国史『日本三代実録』は貞観二年（八六〇）二月八日、「肥前国従五位温泉神」を従五位上に神階を上げたと記す。『肥前国風土記』に載った雲仙温泉の神である。この神は、雲仙岳への山岳信仰と山から流れ出る熱泉への信仰の結びつきに始まったと思われる。その後神仏習合の大乗院満明寺《だいじょういんまんみょうじ》のもとに置かれたためか、『延喜式』神名帳に記載されない温泉神社の一つとなった。それが明治維新後の神仏分離令以降、大正五年（一九一六）に温泉神社と改称した。

『日本三代実録』には続いて貞観五年（八六三）、十月七日に「下野国従五位上勲五等温泉神」に従四位下を、同月二十九日には陸奥国の四柱《よはしら》の神に従五位下を授けた中に「小結《こゆい》温泉神」が登場する。「下野国温泉神」は延喜式内社の那須湯本温泉の温泉神である。霊験《れいげん》あらたかで、貞観十一年（八六九）二月二十八日には従四位上に神階を上げた。神階の格上げは崇敬をさらに高め、後の源平合戦で源義経《よしつね》が奥州から鎌倉《かまくら》にはせ参じる際、ふさがれていた白河関《しらかわのせき》で「那須の湯詣で」を旅の目的と告げると通行を許された。那須与一《なすのよいち》が屋島《やしま》の合戦で平家の舟の扇の的を射る際にも、「那須の温泉大明神《ゆぜん》」に祈願したことを『平家物語』が記す。那須湯本温泉神社は那須郡一帯に分社が勧請されるほど神威を発揮した。

後者の陸奥国の「小結温泉神」は初登場の温泉地の神である。平安後期の歴史書『日本紀略《にほんきりゃく》』は寛平《かんぴょう》九年（八九七）九月七日、陸奥国の各神に神階を授けた中、「安達嶺《あだちがみね》……従五位下小陽日《こゆい》温泉神」の神階を「正五位下」に上げたと記す。この「小陽日温泉神」は「小結温泉神」と同一で、「小結」も「小陽日」も「こゆひ」と読む。岳《だけ》温泉（福島県二本松市《にほんまつ》）の泉源地で、温泉発祥の安達嶺（安達太良山《あだたらやま》）山腹の元岳《もとだけ》温泉と考えられる。元岳温泉が江戸前中期まで湯日温泉と呼ばれていたのはその名残だろう。

先の『日本三代実録』は貞観十五年（八七三）六月二十六日、「出羽国《でわのくに》正六位上酢川《すかわ》温泉神に従五位下を授ける」と記す。「酢川」は強酸性泉の湯の川を表し、蔵王《ざおう》温泉（山形市）の酢川温泉神社をさす。ここも『延喜式』神名帳に記載されていないが、神階を上げている。

## 温泉神の変遷と女神

湯田川温泉の由豆佐売神社の「由」は、『倭名類聚抄』に「温泉　一に湯泉《ゆ》とも言い、和名由《ゆ》」と記されるとおり「ゆ」と読む。由豆佐売とは、湯出《い》づる沢の泉源地を司《つかさど》るヒメ（女神）を表し、由豆佐売神社は泉源の女神ユヅサヒメを祀る社であった。古代ケルト社会で一般的だった湧泉・温泉の女神は日本では唯一、温泉文化史に輝く存在である。なお、日奈久《ひなぐ》温泉（熊本県）に中世に創建された温泉神社は、記紀神話の女神市杵島姫命《いちきしまひめのみこと》を祀る。川や水にかかわる弁才天と同一視もされるが、泉源や温泉の神ではない。

由豆佐売神社が本来祀っていたユヅサヒメは、いつしか記紀神話の女神溝咋姫命《みぞくいひめのみこと》に置き換わった。そして溝咋姫命を主神に、後述する少彦名命《すくなびこなのみこと》（宿奈毗古那命）、大己貴命《おおなむちのみこと》（大穴持命《おおあなもちのみこと》、大国主命）の二神を陪神《ばいしん》（つき従う神）に祀るようになった。温泉神社もこのように変遷が見られる。その一つに、本来祀られていたご神体の変遷が挙げられる。

いわき湯本温泉の温泉《ゆ》神社は、温泉湧出源とされた湯ノ岳（湯嶽。別称佐波古嶽《さはこだけ》）を元はご神体としていた。したがって、社は初め湯ノ岳の中腹にあった。後に下山して里宮《さとみや》（麓の村里にある社）として鎮座後に、少彦名命を祀ったとされる（『磐城湯本温泉記《いわきゆもとおんせんき》』）。その後大己貴命も合祀され、二神が祭神に並ぶかたちとなった。

榊原温泉の射山神社も、温泉が湧き出ていた湯山（貝石山）が元のご神体で、山腹に「湯明神」を祀る社が鎮座していた。それが安土桃山時代に地元榊原氏の没落を機に、氏神でもあった社を湯ノ瀬川右岸の湯山遥拝地《ようはいち》に遷《うつ》すと、同時期に地震で断層の変化が生じたのか泉源も移り、神社裏手の川岸に湧くようになったという（『温泉来由記《らいゆき》』）。これは泉源が移った場所に湯明神を祀る社を遷したとも理解できる。江戸時代の「榊原湯山図《ゆやまず》」には泉源地「湯所」に射山神社が描かれ、「温泉大明神」と記される。それに大己貴命と少彦名命の二神が湯明神と同一視あるいは置き換わるようにして、後に祭神となった。

変遷の第二のケースは、温泉神社への新たな祭神の参入である。

岩井温泉の御湯神社は式内社になった後、本来の温泉の神で泉源井を守る御井神《みいのかみ》に加え、大己貴命と八上姫命《やかみひめのみこと》、猿田彦命《さるたひこのみこと》の四神が祭神に並立した。八上姫命は大己貴命の妻となる出雲神話の女神で、地元の因幡国《いなばのくに》ゆかりだから祭神に加わったと思われる。

玉造温泉の玉作湯神社の祭神にも櫛明玉神《くしあかるたまのかみ》、大己貴命、少彦名命の三神がいつしか相並ぶようになった。櫛明玉神は玉造部の祖神とされ、土地の温泉の神も代行するようになったので、主神は櫛明玉神で、残る二神は脇役である。出雲神話出自の大己貴命は、出雲の温泉地でも唯一絶対的な温泉神とはみなされていないのだ。

有馬の湯泉神社も、祭神に大己貴命、少彦名命、熊野久須美命《くまのくすびのみこと》の三神が並立するようになった。記紀神話の神の熊野久須美命は、熊野三山那智《なち》大社の祭神となったように、本来は山岳信仰を背景に神仏習合した熊野信仰にかかわる神である。那須湯本の温泉神社では、後に祭神は大己貴命、少彦名命に誉田別命《ほむたわけのみこと》が配祀されて三神となった。応神天皇の別名の誉田別命は八幡大神《はちまんおおかみ》とも言われる。武家とくに源氏の篤《あつ》い八幡信仰が「那須の温泉大明神」に結びついて配祀され、崇敬を集めたわけである。

## 後発の温泉神――少彦名命と大己貴命

温泉神社の祭神は大己貴命と少彦名命が代表、と今日では思われている。しかし二神は最初から温泉神社に祀られていたわけではなかった。そもそもさまざまな神を語る記紀神話に温泉の神としては登場しない。

二神は、『古事記』では国作りをめぐる出雲神話の主役である。にもかかわらず、出雲国の温泉を取り上げ、玉作湯社や漆仁社など温泉の神の社も記載する『出雲国風土記』にもほかの古風土記にも温泉の神として登場しない。これは祭祀を司ってきた斎部《いんべ》（忌部）氏の斎部広成《ひろなり》が大同二年（八〇七）に撰上した歴史書『古語拾遺《こごしゅうい》』も同様である。『日本書紀』に始まる六国史《りっこくし》で温泉の神が初登場するのは四番目の国史『続日本後紀』だが、二神が温泉の神としてかかわることはない。前述したように『延喜式』神名帳もそうである。

二神が温泉にかかわる話で知られるのは、古風土記そのものではなく、『伊予国風土記』逸文とされる一文である。それも鎌倉時代に僧仙覚《せんがく》が後嵯峨《ごさが》天皇に献じた『万葉集抄』と、卜部兼方が著した『釈日本紀』に収められていたものだ。したがって収録者による取捨選択があり、その見解や古風土記以降に広まった話が反映されている可能性は高い。

「伊予国風土記に曰く……」と断片収録した四話の一つ、「湯郡《ゆのこおり》」の一文に二神が温泉とかかわる話が出る。これが温泉神の主役に二神を祀り上げるのを後押しした。しかも問題なのは、話の重要なポイントとなる箇所を現代訳する際、誤訳が一部で生じたことだ。

これは該当箇所の「大穴持命、見㆓悔恥㆒而、宿奈毗古那命、欲㆑活而」（返り点は筆者）という原文の「見」は、「被」という漢字同様にここでは「……られる」という受身形として用いられているのに、動詞の「見て」と誤訳することにより、大穴持命（大己貴命）と宿奈毗古那命（少彦名命）の立場、主客を逆転させる致命的なミスを犯す。

該当箇所を正しく現代語訳すると、「大穴持命が悔い恥《はずか》しめられて（後悔するほどはずかしめられ失神して）いたので、宿奈毗古那命は（大穴持命を）活《い》かそうとして、大分速見の湯を下樋により持って来て、宿奈毗古那命が以《も》って（大穴持命を）漬浴《ゆあみ》させたら、暫《しばし》の間が有って（大穴持命は）よみがえった。然《しか》して『暫《しばら》くの間寝たことよ』と言って、（大穴持命が）雄《お》叫《たけ》びして踏みつけた跡が今も湯の中の石の上に在る」。

ところが、「見㆓悔恥㆒」の「見」を動詞と間違うと、「大穴持命は（宿奈毗古那命が）悔い恥じているのを見て、活かそうと思い……」と誤訳が始まる。続いて「宿奈毗古那命を漬浴させたら、宿奈毗古那命がよみがえり……」と、助ける主役（主語）は大穴持命になり、失神して助けられ、温泉に湯浴みさせられてよみがえる脇役が宿奈毗古那命になってしまう。

その結果、『日本書紀』で大穴持命が掌中でもてあそぶほど小さく吹けば飛ぶようなと記す宿奈毗古那命が、よみがえって雄叫びして石を踏みつけたら跡が残った、というあり得ない話に誤訳ではなってしまう。これは文字どおり大きく力強い大穴持命ならではのエピソードなので、さすがにそこだけは「(宿奈毗古那命が蘇生したので)喜んだ大穴持命が石を踏みつけた……」と修正した誤訳バージョン(『豫州《よしゅう》道後温泉由来記』、一八八二年)もあるほどだ。出雲神話に示される大穴持命(大国主命)は、たえず打ちのめされてはだれかの助けを借りて繰り返しよみがえる、英雄神の性格がそもそも濃い。先の一文では、「大穴持命が悔い恥しめられ」た理由は省かれているが、英雄神らしいよみがえり方を物語っている。そのよみがえりを助けたのが、ここでは宿奈毗古那命と温泉だったのがポイントである。

この一文からも主役は大穴持命(大己貴命)ではなく、宿奈毗古那命(少彦名命)で、温泉神によりふさわしい。温泉を治癒に活かした話を通じて二神が温泉世界に登場するのは、『日本書紀』に「病を療《おさ》む方《のり》を定む」とあり、あまねく生きものを病から救う医療神と目されたからである。医療神ゆえに療養に役立つ温泉に感謝する気持ちに支えられ、温泉信仰が生んだ温泉《ゆ》の神を祀る社に後発の祭神、温泉療養を司る神として仲間入りした。それがいつしか、姿かたちを持たない温泉《ゆ》の神に代わり、二神が温泉神社の主たる祭神となっていく。その交代劇は、温泉がもたらす治癒力がより期待されるようになったからと言えよう。

## 4　湯治という言葉の登場

### 温泉療養と効用についての表現

平安貴族が療養のため温泉に行く様子を述べる際、これまで「湯治」という言葉を控えていた。それはまだこの時代、湯治という言葉はすぐには登場せず、使われるようになっても長い間、温泉と直接かかわりのない言葉だったからである。

これは漢字の本元とかかわる。紀元前の中国古典籍はもとより、「療疾」「可治百病」「癒百病」「多癒」など温泉の療養効果を表す言葉が多出する六世紀初めの『水経注』に至るまで、湯治という言葉はない。したがって日本に湯治という言葉は入ってこようはずもなかった。漢字学者の簡野道明《かんのみちあき》は漢和辞典の「湯」項の用語例に「湯治」を挙げ、「温泉に浴して病気をなおす」と説明。これは日本のみに通用する訓義とし、「湯治」は国字（日本で造られた文字）であると指摘している（『増補 字源』）。

実際、平安以前は温泉の療法や効用をどう表現していたか。有間皇子が牟婁温湯に行った際の『日本書紀』の記述は「病を療《おさ》む……」とあった。この「療病」も『出雲国風土記』の有名な表現「万病悉除」も、先の中国の「療疾」や「可治百病」「癒百病」の応用だろう。

平安時代には藤原明衡《あきひら》編『本朝文粋《ほんちょうもんずい》』（巻六）の奏状中に長徳《ちょうとく》二年（九九六）正月二十一日、「湯療を加える為《ため》、暫く西海の温泉に向かう」とあり、「湯療」が温泉の目的・効用を表している。権大納言藤原行成《ゆきなり》の日記『権記《ごんき》』には長徳四年（九九八）三月二十一日、弾正《だんじょうの》忠《じょう》藤原右賢《すけかた》が「信濃国の温泉に罷《まか》り下り、身病、状を治す」ことを申請したとある。ほかでも使われる「身病を治す」という表現が温泉療養旅の目的を言い表している。

湯治という言葉はこのように依然使われていない。辞書も同様で、平安中期の『倭名類聚抄』の「温泉《ゆ》」項（巻一　水部）には「温泉に入れば百病久病が多く癒える」とあるが、湯治という言葉は載っていない。平安末期成立の辞典『色葉字類抄《いろはじるいしょう》』（二巻本と三巻本）も同様だ。

それが平安後期近くなると、ようやく湯治という言葉が貴族の日記に現れ始める。先の『権記』は長保《ちょうほう》元年（九九九）七月九日、少将藤原成房《なりふさ》の病悩が改善したことを「湯治の験《しるし》なり」と記す。藤原資房《すけふさ》の日記『春記《しゅんき》』は長暦《ちょうれき》三年（一〇三九）十月五日、自分の容態が思わしくないので薬を飲み、「或いは湯治せしむ」と書いた。同年十一月十九日にも「終日、湯治す。経長《つねなが》・資高《すけたか》・資仲《すけなか》等、同じく沐浴す」とある。貴族の邸内で主に湯水を用いた入浴行為を湯治としている。いずれも『権記』同様に温泉とはかかわりない。

## 温泉湯治と貴族社会の温泉付き合い

平安貴族は、湯水浴みの沐浴や薬草を入れた薬湯、海水を自邸等に運び入れて入浴利用する潮湯などの湯治を心がけていた。もちろん療養のため温泉に出かけ、ときに気分転換の保養を満喫することもあった。なかには最高権力者の温泉旅行にわざわざお供を申し出てごまをする朝廷貴族もいた。右大臣藤原実資《さねすけ》の日記『小右記《しょうゆうき》』は万寿《まんじゅ》元年（一〇二四）十月二十四日付に「明日藤原道長が有馬温泉に出かける」と記した後、大納言や中納言らがこぞって道長の有馬行の供をするのを「追従でしかない」と批判。「大納言の斉信《ただのぶ》卿は『風病を治す為』を口実にしているが、もし本当に療病のために温泉に向かうのなら、大勢引き連れて行くべきではない。自分独りで出かけてこそ温泉の治験も得られるものだ」と正論をはく。

それでは、温泉療養にこれまで使われてこなかった「湯治」という言葉は、いつ頃から温泉とかかわるようになったのか。

摂政関白を務めた九条兼実《くじょうかねざね》が平安末期から四〇年近く記した日記『玉葉《ぎょくよう》』に安元《あんげん》元年（一一七五）十月十日、「長光朝臣は日来湯治のため、紀伊国で知られる所（温泉）に下向していたが、今月三日高野山で出家して入道となり、今日この由が送り示されてきた」とある。兼実はこう記した後、「誠に哀れな事なり。湯殿儒（宮中御湯殿の読書儒者）として帝《みかど》の一恩に浴することがなく、空しく感じて遁世《とんせい》したのだろう」と、長光朝臣を思いやっている。

紀伊国で知られる温泉とは、すでに『日本書紀』『万葉集』『続日本紀』にそれぞれ牟婁温湯・紀温泉・武漏温湯の名で登場した温泉（白浜温泉）しかない。ここに出てくる「湯治」という言葉は、明らかにその紀伊国での温泉療養に用いられている。『玉葉』は文治《ぶんじ》二年（一一八六）八月二十六日にも、「兼忠《かねただ》が病に依り、湯治の為に有間に下向……」と、病気を抱えた兼忠が有馬温泉へ湯治に出かけたことを書きとめている。

この後、鎌倉時代に入ると、湯治という言葉は温泉とよくかかわるようになる。そして温泉地へ療養で出かけるときだけでなく、現地で汲んで自邸や別邸まで運ばせた温泉を利用する《宅配温泉》にも使われるようになった。温泉地に行かなくても湯治した気分になる、これは相当身分の高い貴族でないと味わえない特権だった。

『新古今和歌集』や『小倉百人一首』の撰者・藤原定家《さだいえ》の日記『明月記《めいげつき》』は寛喜《かんぎ》三年（一二三一）九月十一日、「内府（内大臣九条道家《みちいえ》）が今日恒例行事のように水田（大阪府吹田《すいた》市）の別邸に出かけた。《湯治》と言うが名目だけで、本意はただの遊放（遊興）でしかない」と、内大臣道家を痛烈に批判している。道家は舅《しゅうと》の太政大臣西園寺公経《さいおんじきんつね》と共に公家社会の頂点に立っていた。その太政大臣が湯山《ゆのやま》（有馬温泉）まで出かける予定をやめ、代わりに道家と一緒に水田の別邸に出向き、そこへ有馬の湯を運ばせていたことも八月三十日付でにがにがしげにつづった。「牛車《ぎっしゃ》で毎日二百桶《おけ》も有馬湯を運ばせている」と内情も暴露。貴族の温泉湯治も療養は名ばかりで、遊興目的も増えてきた時代の様子がかいま見えるだろう。

## 5　鎌倉幕府誕生を支えた走湯

### 地名が語りかける温泉

温泉史もこうして平安・鎌倉時代を前後し始めた。本章の終節はそれにふさわしく走湯《はしりゆ》と称された伊豆山《いずさん》温泉（静岡県熱海《あたみ》市）の出番である。その走湯と次章で登場する熱海温泉を包括した地域が古くはどのような地名で呼ばれていたかを考えるとき、温泉神社の存在とともに古代の地名も温泉の所在をつかむ重要な道しるべとわかる。

手引きとなる『倭名類聚抄』で唯一、郡名から温泉の所在が知れるのが伊予国「温泉郡」の道後温泉だったが、郷名では但馬国二方《ふたかた》郡「温泉郷《ゆ》」（兵庫県湯村《ゆむら》温泉）、石見国邇摩《いわみのくににま》郡「湯泉郷《ゆ》」（島根県温泉津《ゆのつ》温泉）、肥後国山鹿《ひごのくにやまが》郡「温泉郷《ゆ》」（熊本県山鹿温泉）の三カ所を見いだせる。これも古くから温泉が豊かに湧いていた証左で、三温泉地は一〇〇〇年以上経過した今も、湯村と温泉津は高温の自然湧出泉を保ち、山鹿は温泉の豊かさを「山鹿千軒たらいなし」と称されてきた。こうして平安時代には城崎、岩井に続き、湯村、温泉津と、数は多くないが日本海・山陰地方の粒よりの名湯が姿を見せ始めたのである。

次に、古代の郷の境界は不明として、走湯（伊豆山温泉）と隣接する熱海温泉地域は伊豆国田方《たがた》郡に属し、同郡に一三の郷名が記載されるうち注目されたのが「直見」である。直は値という同系漢字同様に「あたい」とも読む。古代に伊豆国造《くにのみやつこ》は日下部直《くさかべのあたい》という姓《かばね》を得ていた（『静岡県史　資料編4』「伊豆宿禰系図」）ように、姓の「直」は「あたい」と読まれてきた。『倭名類聚抄』の郡郷名に登場する「直」にも、和泉国《いずみのくに》和泉郡「山直」郷は「やま・あたい」から「やまたへ（也末多倍）」と訓注で読ませている。関連してほかの温泉地域の地名で参考になるのは、別府の古代の地名である。

図2－3　伊豆山走湯泉源跡

古代から海辺まで高温泉が湧いていた別府地域は、『倭名類聚抄』の速見郡朝見《あさみ》郷に該当する。朝見郷は、『続日本紀』宝亀《ほうき》三年（七七二）十月条では「敵見郷」と記され、「あだみ」あるいは「あたみ」郷と呼ばれていた。その後「敵」の当て字が嫌われ、『倭名類聚抄』

では「朝」の字に代えられている。一般に熱水や熱海を「あたみ」と読む。ひるがえって熱海温泉一帯は後述するように、熱泉が海中や海辺から湧き出て魚も死んだという伝承のある地域だった。そんな地域を漢字で表現すれば、まさしく熱海がふさわしかったろう。そうした地域の地名が「直見」郷であれば、別府同様に「あたみ」郷と読むのが自然だ。事実、「直見」郷は鎌倉初期には「阿多美（安多美）」郷と表記される。古くからの地名が語りかけてくれた、どちらも有数かつ特異な湧出現象を持つ温泉エリアである。

## 走湯信仰の霊場・伊豆山温泉

伊豆山温泉は熱海市中心部を占める熱海温泉の海沿い北側に隣接している。伊豆山温泉の発祥が「走湯」である。海岸の岩崖洞窟から海へ向かって温泉が走るように湧出する特異な湧出現象に畏敬の念を抱いた古代の人は、温泉信仰の一つとなる走湯信仰を育んだ。伊豆山も箱根から連なる山が海岸までせまる。その中で日金山《ひがねさん》への火山・山岳信仰が育まれ、相模《さがみ》湾一帯に多い海洋渡来神信仰と融合して、温泉霊場でもある走湯の地（走湯山《そうとうさん》、伊豆山）は神仏習合の走湯権現（後の伊豆山神社）の一大霊場となった。修行僧や山岳修験者が集まり、朝廷や土着の武士からも独立した力を有し、走湯権現独自の神域を形成する。

走湯は平安時代の文学作品に登場する。先の「ななくりの湯」に登場した女流歌人相模が治安《じあん》三年（一〇二三）正月に走湯権現に参詣し、百首歌を奉納している。これが走湯権現を詠んだ初例とされている（『熱海温泉誌』）。平安中後期の藤原明衡著『新猿楽記《しんさるがくき》』にも、山林修行者の修行地の一つとして「伊豆走湯」が挙げられている。評判はさらに高まったらしく、平安末期に後白河法皇が編んだ今様《いまよう》歌謡集『梁塵秘抄』では、「四方《よも》の霊験所は　伊豆の走湯　信濃の戸隠《とがくし》　駿河の富士《ふじ》の山……」と、全国の霊験あらたかな場所の筆頭に「伊豆の走湯」を挙げているほどである。

温泉史を遺跡や出土品から物証する例は多くないが、走湯は格別である。走湯権現の神像と考えられるのが、伊豆山神社の男神立像《だんしんりゅうぞう》で、制作年代は十一世紀から十世紀後半までさかのぼれるという（『熱海温泉誌』）。伊豆山神社本殿裏手からは、経典を書写して埋納した経塚《きょうづか》とそれを納める容器の経筒《きょうづつ》が発見されており、年代の古いものでは「永久《えいきゅう》五年（一一一七）」の紀年銘の青銅製経筒がある（『熱海温泉誌』）。こうした神像や出土品からも、平安時代に走湯、伊豆山が著名な霊場としてあったことが裏付けられよう。

一方で、『延喜式』神名帳の伊豆国田方郡二四座中には、走湯権現にかかわる社名は記載されていない。当時存在した神の社が必ずしも神名帳に載っているわけではない事例の一つで、走湯権現が本地仏との神仏習合の複雑な神の社であったためとも考えられる。

## 走湯の開湯伝承と頼朝の挙兵

走湯の開湯の時期はいつ頃までさかのぼれるのか、平安以前の記録は見当たらないので、開湯を物語る『走湯山縁起』（以下『縁起』と略）を参考にしたい。諸本伝わる『縁起』の基本は五巻構成。南北朝以前、鎌倉時代には流布されていたようだ（『熱海温泉誌』）。そこから温泉と開湯時期にかかわる骨子を三つに整理できる。

（一）相模の海岸に出現した神鏡を松葉仙人が祀ると、それは高麗《こま》国の温泉とかかわる湯の神で、温泉を湧出させる誓いにより日金《ひがね》山頂と行き来しつつ、洞窟から霊湯を湧出させた

（二）神号を走湯権現とし、金地《こんじ》仙人が霊湯に沐浴。その後、伊豆大島に配流されていた役小角《えんのおづぬ》が走湯の浜に着いて霊湯を浴びた

（三）仁明《にんみょう》天皇の承和三年（八三六）、甲斐国《かいのくに》出身の賢安《けんあん》法師が走湯権現の再興にかかわる

『縁起』によれば、走湯は太古から同地に絶え間なく湧き続けていたわけではなかった。「天平勝宝《てんぴょうしょうほう》年中……当山震動……湯泉沸出」したり、「当山鳴動」を契機に温泉が枯れた後、「弘仁元年（八一〇）二月……温泉所々涌く」というように、地震などの影響で枯渇や湧出現象の変動が走湯にもあり得たことを示すのは興味深い。

温泉湧出の変化をくぐりながらも走湯の開湯時期は、『縁起』以外にも『伊呂波字類抄《いろはじるいしょう》』（一〇巻本）に見える「伊豆山」の記述（「伊《い》」部・諸寺）や、南北朝期頃集録された安居院《あぐい》作

という『神道集』の「二所権現事」の記述などから、平安初期の《承和三年（八三六）に甲斐国出身の修験者か聖の賢安が、走湯の開湯もしくは再興にかかわった》と要約できる。

こうして平安末期には全国屈指の霊場として独立性を確保していた走湯山が、以仁王《もちひと》による平氏追討の令旨《りょうじ》に始まる治承《じしょう》四年（一一八〇）以降の源頼朝の決起を支えることになった。以仁王と源頼政の挙兵はすぐに鎮圧され、伊豆半島で流人生活を送っていた頼朝にも危険がせまるが、頼朝は追っ手を避け、走湯山に避難する。走湯山には頼朝や源氏と気脈の通じた僧らがいた。なかでも頼朝が師と仰いでいた覚淵《かくえん》は頼朝の妻北条政子《ほうじょうまさこ》をかくまい、伊豆や南関東での挙兵を走湯山と箱根権現とのネットワークで人材、物資補給、移動ルート、信仰的支えなどさまざまなかたちで手助けした。温泉信仰の霊場がそのアジール（聖なる平和空間、避難所）的性格を発揮して、初の武家政権成立を後押ししたとも言えよう。

平氏との戦いに勝利した頼朝は、走湯山に荘園を寄進して、独立性を保証。鎌倉幕府の宗教儀礼を担わせ、貢献した走湯山と箱根権現に詣でる二所詣を行なうようになった。こうして走湯山は鎌倉幕府と将軍の崇敬を集め、走湯権現の社領も広がっていく。

三代将軍源実朝《さねとも》は走湯山参詣の時に、「走る湯の　神とはむべぞ　言ひけらし　速き験《しるし》のあればなりけり」（『金槐《きんかい》和歌集』）と、走湯を讃える歌を詠んだ。しかし走湯山への幕府の崇敬と寄進が走湯権現領を拡大させ、古くは広義の「あたみ」郷という同一郷内にあったかもしれない伊豆山走湯と、これから輪郭が明らかになる狭義の「あたみ」郷（熱海温泉地域）に支配・従属関係をもたらす。そのことを次章で見ていきたい。

# 第三章　箱根・熱海・草津・別府が表舞台に
## ——鎌倉・室町時代

## 1　箱根の山と温泉

### 箱根権現と最初の開湯

鎌倉幕府の誕生は、東日本の温泉地を歴史の表舞台にあげる絶好の機会となった。なかでも箱根《はこね》は古来、東海以西と東国を隔てる要害の地。都と鎌倉、東国を頻繁に人々が行き来するようになると、箱根は文献に詳しく紹介されるようになった。

箱根の豊かな温泉資源は活発な火山活動に起因する。箱根の山の成り立ちは複雑で、駒ヶ《こまが》岳《たけ》、神山《かみやま》、冠ヶ岳《かんむりがたけ》、二子山《ふたごやま》などがカルデラ内の中央火口丘にあたる。その神秘的な山容と大涌谷《おおわくだに》や早雲山《そううんざん》、湯ノ花沢《ゆのはなざわ》など噴気地帯の地獄景観が山岳信仰の対象となり、聖《ひじり》や優婆塞《うばそく》と呼ばれた山林修行者が集まる中で神仏習合的な箱根権現信仰が育まれた。

箱根の温泉史最初のキーパーソンとなるのは箱根権現にかかわる聖である。それを物語るのは十六世紀初頭、箱根湯本に戦国大名の北条氏（後北条氏とも）が建立した早雲寺《そううんじ》の文書に残る前出の「熊野権現願文《がんもん》」で、「奈良時代天平年間に白山の開創者泰澄の弟子浄定坊が湯本の温泉を開いた」という。箱根の温泉では東の玄関口の湯本が最も早く開かれたことになる。

一方、箱根権現（箱根神社）の縁起では、中興の開山とされる「万巻《まんがん》上人という聖が常陸国の鹿島《かしま》神宮から来山、箱根で修行中、霊夢のお告げで天平宝字《てんぴょうほうじ》元年（七五七）、芦ノ湖畔《あしのこはん》に寺院と霊廟《れいびょう》を建て、箱根三所権現を勧請した」（『箱根山縁起弁序《はこねやまえんぎあわせじょ》』）という。つまり湯本の開湯と箱根権現社の造営はほぼ同時代にあたる。この時期は仏教国家の興隆めざましく、諸国行脚《あんぎゃ》僧による社会事業や行場開発が進んだ。そして湯本には白山権現神社が早くから存在し、温泉場の守護神の一つになっていたことから、箱根に白山信仰が入ってきたことが認められる。その影響力が開湯縁起に結実したとも言えよう。

白山の開創者と伝わる泰澄の存在は注目される。加賀国《かがのくに》（石川県）の温泉伝承だけでなく、箱根の温泉とも弟子を介してかかわる泰澄は、十世紀半ばに成立した『泰澄和尚伝記《たいちょうかしょうでんき》』を通じて知られる、奈良時代の山岳修行僧である。元亨《げんこう》二年（一三二二）に臨済宗の僧虎関師《こかんし》錬《れん》が著した仏教史書『元亨釈書』にも多くの記述がある。実在の人物か諸説あるが、同伝記には泰澄の師とされる道昭《どうしょう》など実在の人が登場し、場所や背景も具体的で説得力はある。泰澄と弟子の浄定はともに越中国（富山県）の寺院創建縁起にも登場する。

一般に寺院や温泉の縁起には、高僧の名と権威が望ましいので、泰澄の弟子が実際にかかわったかは問題ではない。箱根の霊場と温泉開発に白山信仰の聖が関与したことが話の核心だろう。各地の行場・霊場を行き交う聖らの活動により、箱根権現信仰の拠点となる社が創建されていく。箱根湯本は相模湾に近く、箱根の玄関口となる開けた場所で、聖らもここに足を留めたはずである。その後東海道諸国を結ぶ交通路の要所、宿場として発展する条件も備わっていた。しかもそこに温泉が湧いていた。湯本こそ、箱根で真っ先に開湯の名乗りを挙げるにふさわしい温泉場と言えた。

熊野権現願文の「霊泉」は、温泉台帳の湯本九号泉で、湯坂山《ゆさかやま》東麓南側に位置する湯場の熊野権現社真下の自然湧出泉をさす（『箱根湯本・塔之沢《とうのさわ》温泉の歴史と文化』）。自然湧出ではなくなったが、この「元泉」が明治中頃まで一〇〇〇年以上も湯本唯一の貴重な泉源であった。

## 鎌倉幕府の湯治場・湯本宿

仁治《にんじ》三年（一二四二）八月から十月にかけて東海道を京都から鎌倉へ旅した作者未詳の紀

図3－1　箱根湯本の熊野権現下の泉源地（『七湯のしをり』）

行文『東関紀行《とうかんきこう》』に、「湯本という所にとまりたれば……この宿《しゅく》をもたちて鎌倉に着く」と記されたとおり、湯本には鎌倉前期に宿場が開かれていた。温泉場としても機能していたことを示す別の史料もある。漢字のみで書かれた真名《まな》本の祖本で鎌倉末期には成立していたとされる妙本寺本《みょうほんじぼん》『曽我《そが》物語』（巻五）で、三浦《みうら》氏一族で幕府有力御家人の和田義盛《わだよしもり》が子息を引き連れ、「建久《けんきゅう》四年（一一九三）四月中旬」に「伊豆の安多美《あたみ》湯より下向されて、早河湯本湯に詣でて、三浦に返りけるか……」と記している。

奈良西大寺《さいだいじ》の僧叡尊《えいそん》が鎌倉へ下向した際、弟子の性海《しょうかい》がつづった『関東往還記』は、弘長《こうちょう》二年（一二六二）二月に箱根権現に詣でた翌日に「湯本で中食をとった」と記す。宿泊だけでなく、食事や入浴を提供できる温泉宿場町としての設備が整っていた。利用者には温泉療養者も含まれる。箱根史家の岩崎《いわさき》宗純《そうじゅん》は、「持病療養の為、湯本下向仕り候」としたためた鎌倉後期とされる武将金沢貞将《かねさわさだゆき》の書状（金沢文庫文書）を例に、湯本が鎌倉時代には湯治場として機能していたことを指摘している（『箱根七湯《ななゆ》―歴史とその文化』）。

箱根の主要道は、八〇〇年代初年の富士山噴火でいったん道が塞がれた足柄路《あしがらじ》に代わり、湯本の湯場からすぐ背後の湯坂山を上って尾根伝いに越えて行く、険しくても距離は短い湯坂路が登場した。難路を前に、旅人にとって温泉宿場・湯本の存在価値は増しただろう。

箱根には熊野聖らにより熊野権現信仰も入ってきた。湯本にも泉源地の湯場を見守る高台に熊野権現社が建つ。湯本では、宿場を守る白山権現と湯場を守る熊野権現が一緒に守護しているわけである。熊野は「ゆや（ゆうや）」と読めるから、熊野権現は温泉の守護役に参入し、中世には箱根のほかの温泉地にも熊野権現社が建立されていく。

### 芦之湯と「そこくらの温泉」

公家・歌人の飛鳥井雅有《あすかいまさあり》は生地の鎌倉と京都をよく行き来し、『春の深山路《みやまじ》』で弘安《こうあん》三年（一二八〇）十一月、「あしのうみの湯とて温泉もあり」と記した。このとき三島《みしま》方面から芦ノ湖畔の芦川《あしかわ》を通り過ぎ、「この山には地獄とかやもありて……」と「あしのうみの湯」の前に書いている。この「地獄」は大涌谷ではなく、芦ノ湖畔から芦之湯《あしのゆ》方面へ向かって湯坂路に入る途中にある精進池《しょうじんがいけ》のあたりで、噴気立ち上り、地獄と恐れられていた所をさす。鎌倉時代に高まる地蔵信仰により、溶岩を削ってつくられた六道《ろくどう》地蔵などの摩崖仏《まがいぶつ》、石仏群が残されている。したがって「あしのうみの湯」は芦之湯温泉のこと。一帯は精進池のほかに池や湿地が残る。芦の生える広い湿地帯で、「あしのうみ（湖）」と呼ばれていたのだろう。

こうして箱根で二番目に、芦之湯温泉の存在が鎌倉時代に認められるようになった。標高約八五〇メートル。箱根でも有数の高所に湧く温泉地である。

鎌倉後期から南北朝期と推定される「沙門祐賢書状《しゃもんゆうけん》」（金沢文庫文書）に、「聞了坊は、去秋ころより瘡《かさ》おびただしくかき候て、箱根湯三七湯治して治りて候」と書かれている（『箱根七湯』）。祐賢が鎌倉称名寺《しょうみょうじ》の僧・良達に送った書状で、知己の聞了坊ができもの（瘡）の温泉治療のため「箱根湯」に「三七（三週間）」出かけて一時は良くなったけれども……という内容である。岩崎宗純はこの「箱根湯」が湯本温泉ではなく、当時箱根権現社領にあって密教系の僧侶に利用されていた芦之湯温泉ではないか、と指摘する。

芦之湯にも泉源近くに熊野権現社が設けられた。箱根では熊野権現社が湯本、芦之湯、そして底倉《そこくら》、宮ノ下《みやのした》の四カ所の温泉地にできていく。このうち底倉温泉は、今では富士屋《ふじや》ホテルがランドマークになった宮ノ下温泉の後ろに隠れた感があるが、それと隣り合わせで、早川《はやかわ》と合流する蛇骨川《じゃこつがわ》の小さな渓谷沿いの温泉場だ。渓谷の崖穴から湧く希少な自然湧出泉が保たれ、中世の箱根の温泉を代表する一つである。

鎌倉末期から南北朝期にかけての禅僧・夢窓疎石《むそうそせき》の没後まもなくその歌を集めた、正平《しょうへい》六年（一三五一）頃成立と見られる『夢窓国師御詠草《むそうこくしごえいそう》』に、「相模国にそこくらという温泉《ゆ》に下り給いけるに……谷の底に山賤《やまがつ》の庵ありけるをみ給《たま》いて」とある。ここに箱根第三番目の温泉場として「そこくら（底倉）という温泉」が登場する。

これは現在の底倉温泉か、中世の底倉村にあった底倉、宮ノ下、堂ヶ島《どうがしま》温泉のいずれかなのか、あるいは三つの温泉場を総称して「そこくらの温泉」と言うのか確かでない。ただ、温泉に下っていく「谷の底」とあることから、夢窓疎石が滞在中、谷底の堂ヶ島温泉まで下って行ったことは確実だろう。江戸後期に刊行された『七湯《ななゆ》のしをり』は、谷底の堂ヶ島温泉に夢窓疎石の草庵跡があったと紹介しており、堂ヶ島温泉を訪れて歌を詠み、入湯した可能性は高い。「そこくらの温泉」はまた、南朝方の新田義貞《にったよしさだ》一族の新田義陸《よしたか》が潜伏して温泉療養中の応永《おうえい》十年（一四〇三）、土豪の安藤《あんどう》氏に討たれた場所でもある。

### 霊場「姥子の湯」

箱根の温泉には《富士の見える所に温泉はない》という言葉がある。天水（雨雪）が中央火口丘《かこうきゅう》で温められ、温泉となって地下を流れ下り、早川が刻む深い谷底から湧出しやすいからだ。自然湧出時代の箱根の温泉はほとんど早川渓谷に湧いていた。また、中央火口丘南側山腹の湿地帯に湧く芦之湯温泉からも富士山は見えなかった。

例外がある。「姥子《うばこ》の湯」（姥子温泉元湯・秀明館《しゅうめいかん》）で、唯一富士山が望める。中世に文献から存在が知られる箱根の温泉でこれまた唯一、物証や史跡から輪郭が浮き彫りになる。じつに特色ある、四番目の箱根の温泉地である。

明治天皇行幸まで大地獄と呼ばれた大涌谷の下、標高八八〇メートルの森に湧く。森は約三一〇〇年前に神山《かみやま》崩れと呼ばれる中央火口丘の水蒸気爆発によって生じた岩屑流《がんせつりゅう》（山崩れ堆積物）の上に広がっている。降水量が豊富な神山・大涌谷一帯に降った雨雪が地下の火山熱源で温められ、温泉帯水層《たいすいそう》となる山崩れ堆積物の下を流下して、春雨の季節以降に森の中の岩崖と岩盤でできた姥子の天然湯つぼから大量に湧き出てくる。箱根でも希少な自然湧出湯つぼを保つ温泉場で、温泉誕生の年代がわかっている点でも貴重だ。

物証、史跡の一つは、同地に姥子山長安寺《ちょうあんじ》という寺堂が南北朝時代の延文《えんぶん》元年（一三五六）に起立されたこと。元禄《げんろく》三年（一六九〇）九月十五日付で小田原《おだわら》藩主と寺社奉行所宛《あて》に提出した『長安寺由緒書』（同寺蔵）に「姥子の寺の開闢《かいびゃく》は延文元丙申年《ひのえさるのとし》」と記す。前文には「大地獄の湯前《ゆぜん》薬師の禅定（霊場）だった姥子の寺に御座候」とある。寺の開山は姥子の湯と深くかかわっていたことを示す。長安寺は江戸前期に現在地の仙石原《せんごくはら》に移された。

二つ目は、姥子の湯の大地獄寄りに広がっていた姥子賽《さい》の河原《かわら》の磨崖に、「延文二（丁《ひのと》酉《とり》）九下旬」の年月と「明尺」という献主名が、胎蔵《たいぞう》・金剛《こんごう》両界大日如来を象徴する「ア」「バン」の種子《しゅじ》（梵字）と共に刻まれていること。刻まれた年は長安寺開山の翌年にあたる。寛文《かんぶん》十二年（一六七二）閏七月の『仙石原村書上帳』は、姥子に「熱湯噴き出す賽の河原があった」と記す。同所にある弘法大師が修行したと伝わる巨岩「弘法の硯石《すずりいし》」や「明尺」という献主名や梵字から、姥子賽の河原一帯が修行場になっていたことをうかがわせる。

三つ目は、姥子の湯を継ぐ元湯・秀明館敷地内に建つ二堂、瑠璃光薬師堂《るりこうやくしどう》の本尊石造薬師如来坐像と、姥子堂に祀られている木造地蔵菩薩立像がどちらも室町彫刻の特徴を備えて造立されていること（『箱根山中 村むらの仏たち』）。薬師如来は病を治癒する医薬の仏で温泉の守護仏とされたから、温泉の存在を前提に堂宇がつくられ、祀られたものだ。地蔵菩薩像のほうは、鎌倉時代以降箱根に広まった地蔵信仰にもとづくと考えられる。

これらからも姥子の湯は霊場的性格が際立つ。修行者の湯垢離場《ゆごりば》かつ近隣村人の湯治場だったと考えられる。長安寺はその間に亡くなった人をとむらう役目もあったのだろう。その厳粛なたたずまいは芦之湯と並び、箱根の温泉地の中世以来の歴史空間を保っている。

## 2　「あたみ」郷の熱海温泉

### 「あたみ」の温泉の開湯伝承

平安時代の文献記録には現れなかった「あたみ」郷の温泉は、鎌倉時代に入ると登場する。真言律宗の僧忍性《にんしょう》が編纂にかかわったとされる『地蔵菩薩霊験記』は、「斯《ここ》に熱海という所有り、谷深くして猛火熾盛《しじょう》の煙が峯を埋《うず》め晴やらず、烟熱《えんあつ》流出して熱泉は谷にたたえて波を焼く」と、激しい湯煙と熱気に覆われた熱泉が海まで流出して波を焼く「かの熱海は炎熱地獄」という猛烈な温泉湧出の有様を伝えている（『熱海温泉誌』）。この文の前段には走湯の記述があり、「あたみ（熱海）」と伊豆山走湯ははっきり区別されていた。ここに描かれた状況は「あたみ」郷の開湯伝承を後に編む下地となったと思われる。

あたみの開湯伝承は江戸時代に縁起や絵本物を通じて紹介される。その中で、寛文七年丁未《ひのとひつじ》（一六六七）正月の年紀を持つ「豆州賀茂郡熱海郷湯前権現拝殿再興勧進之状」に記された開湯縁起と、天保《てんぽう》三年（一八三二）に刊行された戯作者山東京山《さんとうきょうざん》の『熱海温泉図彙《ずい》』に載る開湯伝承から、構成内容は次の二点に要約できる。

一つは、熱湯が海中に湧き出ていて、魚類は棲みつかず、里人も困り果てていたこと。二つ目は、奈良時代半ばの天平宝字（七五七～七六五）頃に箱根権現の万巻上人が来て、法力で泉源を陸上に移した。それから温泉を利用できるようになったことだ。

走湯の開湯縁起には登場しなかった、箱根権現を再興した万巻上人が、「あたみ」郷では開湯の主役となる。これは中世に成立した『箱根権現縁起絵巻』の影響と考えられる。これらの縁起や伝承は、江戸時代に本湯《もとゆ》または大湯と呼ばれる「あたみ」郷の主泉源の開湯とその前に社を設けた湯前権現（湯前神社）の開基にもかかわってくる。走湯同様に、「あたみ」郷の中心泉源の移動や湧出現象の変化の可能性を示唆していることも見逃せない。

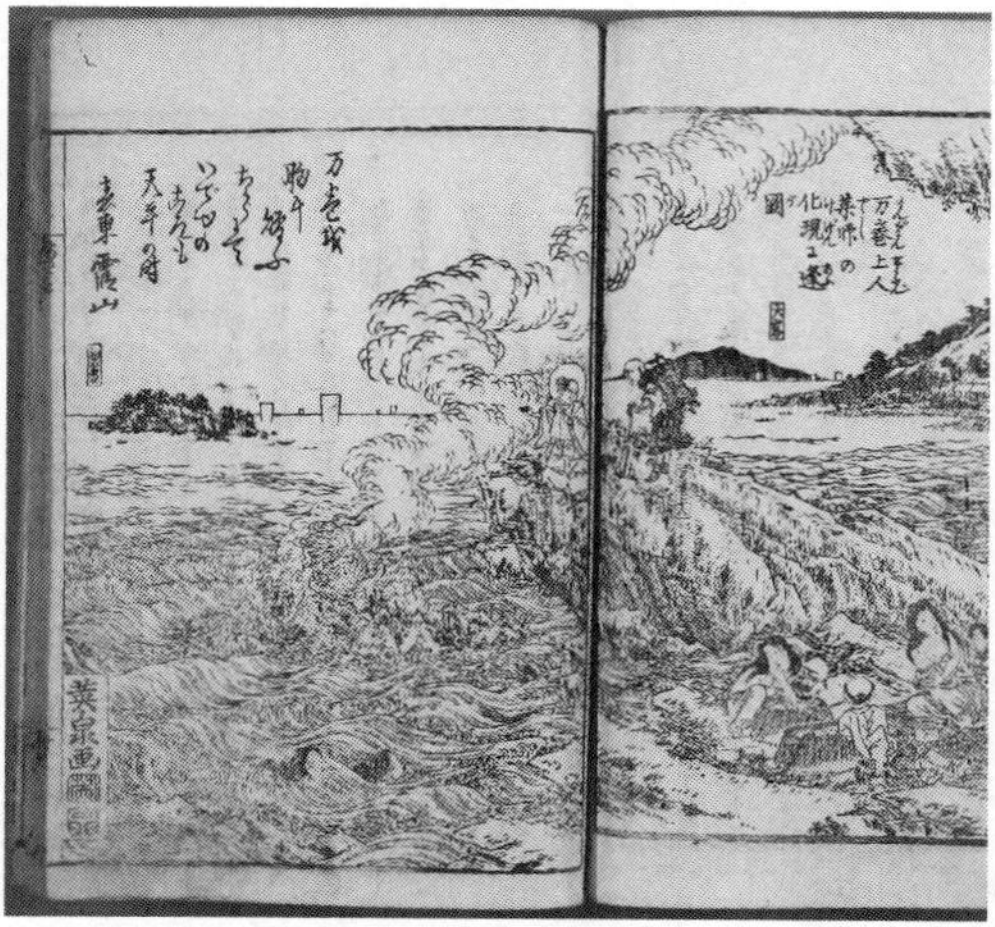

図３－２　熱海開湯伝承を描いた絵図
（『熱海温泉図彙』）

　というのは、《熱海温泉の中心となる大湯は間欠泉。古代・中世の文献が間欠泉にふれていないのは、熱海温泉は未だ無かった証拠。中世に熱海の温泉と言われるのは、すべて伊豆山走湯のことで、熱海温泉が登場するのは戦国時代になってから》という説も見られたからだ。しかし熱海や伊豆山にかぎらず温泉の湧出現象は、地震や断層の変化、潮の干満圧力など自然条件や時間とともに、場所や形態が変わる例は少なくない。それにひとくちに間欠泉といっても形態はさまざまで、じつは中世の史料にも、江戸時代ほど顕著で定期的ではないが間欠泉的な特色ある湧出現象の兆しは見えているのである。

## 「安多美湯」の登場

「あたみ」郷の温泉に言及した年代で最も早いのは、前出の妙本寺本『曽我物語』にある「建久四年（一一九三）四月中旬」で、和田義盛一行が「伊豆安多美湯《あたみ》」に出かけたことを述べる。鎌倉末期成立とされる同本では、平安時代の郷名「直見」に「安多美」と漢字を当て、温泉名にもしている。走湯ならこれまで走湯と明記されてきた。和田義盛らが将軍頼朝の崇敬する神域の走湯を個人行動で気軽に訪れて温泉を利用することは考え難い。「安多美湯」はもとより走湯とは別の「あたみ」郷の温泉で、この頃利用されるようになっていた。「あたみ」郷の温泉は猛烈盛んな熱泉の湧出状況と、湧く場所が海際か海中だったことから、長らく人が利用できる状態にはなかった。それが陸地山手へ主泉源が移ったことにより、ようやく利用できる条件が整い始めたのだろう。

『曽我物語』とほぼ同時期に成立した鎌倉幕府の正史『吾妻鏡《あづまかがみ》』は、建保《けんぽう》元年（一二一三）十二月十八日に北条泰時《やすとき》が「伊豆国阿多美郷」の地頭職を走湯（走湯山）権現に「放生《ほうじょう》の地（神仏のため生き物の殺傷を禁ずる土地）」として寄進した、と記す。「あたみ」郷は幕府によって走湯権現領に組み込まれたのである。漢字をいろいろ当てられてきた「あたみ」郷を「熱海」と表記するのは鎌倉後期の永仁《えいにん》五年（一二九七）、執権の北条氏から走湯山に宛てた文書に「走湯山坊地ならびに熱海郷」とあるのが初出とされる（『熱海温泉誌』）。

この頃になると、あたみ（熱海）郷の温泉もその存在や利用がわかる記録が増えてくる。称名寺関連の書状（金沢文庫文書）にある、北条（金沢）実時《さねとき》夫人と関係が深い蓮心房という尼僧宛に「あたみより」として差し出された手紙は、「（当地は）あまりに湯が多いので、『かみ』にも『それ』にも湯に浸かってもらいたいものです」と、熱海の温泉の配送をほのめかしている（『熱海温泉誌』）。この頃、熱海からは物資を鎌倉方面に運ぶ「熱海船」と呼ばれる便船が頻繁に往来していた。

あたみ（熱海）郷には鎌倉時代に日蓮《にちれん》上人が開いた日蓮宗が進出して、高弟らが寺院を開創し、「熱海湯地」を所有していたことも知られる（『熱海温泉誌』）。弘安七年（一二八四）十月十八日に高弟の一人、日興《にっこう》上人が弟子宛に、「明年二月の末から三月の間《あわい》に、あたみ湯治の次には、いかが有るべき候……」と手紙を書き送った。彼らも盛んに「あたみ湯治」を行なっていたことがわかる。

### 祀られた「熱海の湯明神」

伊豆山走湯は稀有な湧出状況が走湯信仰を生んだ。熱海郷の温泉も特色が際立つが、利用どころか土地の人が困り果てるほど熾烈《しれつ》な熱泉湧出状況だったので、温泉信仰も生まれようがなかっただろう。ところが陸地に主泉源が移ると、利用の道が開ける。そうなると恵みをもたらす温泉への崇敬から、温泉を守護する神仏の発想も芽生えた。熱海郷の温泉の神を祀る社の所在が記録されるのは中世に入ってのことで、伊豆国の神社一覧『伊豆国神階帳』に「従四位上熱海乃《の》湯明神」として記されるのが初出である。

江戸時代に塙保己一《はなわほきいち》が編纂した『群書類従《ぐんしょるいじゅう》』所収の『伊豆国神階帳』には、北朝暦で「康永《こうえい》二年(一三四三)十二月廿五日」という年月日記載と伊豆国の国庁が置かれた三島の三嶋大社関係者の在判がある。これは『延喜式』神名帳以降、諸国で作成されて国庁に保管されてきた国内神名帳の一つとみなされている。

史書では神階も正六位上あたりから段階的に上げられるのが通例で、そのスパンを考えると、「従四位上」の「熱海の湯明神」はもっと前から存在していたと思われる。「神階帳の作成が、平安末ごろまでさかのぼるとすれば、(熱海の湯明神の社は)そのころには創立されていたと思われる」（『熱海市史』上巻）との説もある。そうなると「安多美湯」の存在と利用が見えてきた鎌倉初期頃には、「熱海の湯明神」を祀る社もできていたと思われる。

「熱海の湯明神」は、熱海郷の主泉源の守護神と考えられる。温泉の神は一般に湯泉（湯前）大明神や湯明神という名称や神仏習合でもよく祀られ、権現は典型である。したがって温泉の神の名も、湯明神から湯前権現へ置き換えられやすい。先の「湯前権現拝殿再興勧進之状」には「当社湯前権現は、温湯を守護する神」とあるので、「熱海の湯明神」を祀っていた社と湯前権現の社（湯前神社）はおそらく同じだろう。

いま大湯間欠泉跡を前に建つ湯前神社は、江戸時代に編纂された地誌『豆州志稿《ずしゅうしこう》』記載の、永正《えいしょう》十八・大永《たいえい》元年（一五二一）十一月に「熱海郷湯河原村湯宮」を建立したことを示す棟札《むなふだ》銘が史料上初出とされる（『熱海温泉誌』）。留意すべきは、両社につながりがあっても、「熱海の湯明神」社の時から同一場所にあったかどうかは別問題であること。主泉源が陸上に移った後も小移動があった可能性が考えられている。熱海の地形は小さな断層や断裂が多く、熱源と地下水が豊富なので、いつどこでも温泉が湧き出る土地なのである。

## 熱泉を筧で多くの湯屋に引湯

南北朝時代の禅僧義堂周信《ぎどうしゅうしん》は、彼の日記を弟子が要約した『空華老師日用工夫略集《くうげろうしにちようくふうりゃくしゅう》』

によると、応安《おうあん》七年（一三七四）以降、熱海を「湯《ゆ》醫《い》」のため三回訪れている。熱海では知己の禅僧らと会い、温泉を詠んだ漢詩を唱和し合ったが、その中に禅僧中巌円月《ちゅうがんえんげつ》の漢詩があり、円月の作品を集めた『東海一漚集《とうかいいちおうしゅう》』にも「熱海」と題して収められている。この漢詩が当時の熱海の主泉源と考えられる温泉の湧出状況と温泉場情景をよく描写している。漢詩を紹介した『熱海温泉誌』を参考に、意訳すると次のとおりである。

「夜半に琅々《ろうろう》と響いてきて夢から覚めると、それこそは岩根から熱湯の湧き出づる音。たくさんの筧《かけい》で伝え分けた湯から立ち上る湯煙が家屋を取り巻き、家々には浴室を備え、客が房室を借りて宿っている」

夜半に熱泉が湧出音を響かせて眠りを妨げたのは、常時一定の湧出音を立てているのではなく、不定期に熱泉が噴出するとき響きわたる音だったと思われる。熱泉は泉源の岩根（の裂け目）から湧き上ってくる。それをすでに筧で周囲の多くの家屋に引湯《いんとう》しており、引湯した家屋はどこも浴室を備え、温泉客が部屋を借りて宿泊している状況がうかがえる。

中心泉源の熱泉が岩根から湧くことと、噴き出すとき響きわたるほどの音を立てて間欠泉の兆候を示すのは、江戸時代に本湯または大湯と称される熱海の主泉源と同じである。走湯はこれと違う。伊豆山温泉の走湯史跡に見るとおり、海岸近い岩崖の深い横穴の奥から横走りに湧出していた。『走湯山縁起』にも「切り立つ崖の奥深い洞窟から霊湯が噴出する」と記されている。円月の漢詩は、伊豆山走湯とはまったく様相が異なる熱海郷の温泉の湧出の様子を詠んだことは明らかで、すでに間欠泉状態を見せていることにも注目したい。

熱海の主泉源が、海岸の潮の満ち干の影響による地下圧の強弱の変化によって間欠泉現象を生じることを最初に示したのは、儒学者林羅山《はやしらざん》が元和《げんな》二年（一六一六）に著した『丙辰《へいしん》紀行』である。羅山は、「その湧く所を見ると、潮の進退によって岩の間《はざま》より湯煙が蒸し上がってきて、人が近づけないほど熱い。湧き出て流出する熱湯に筧をかけて家々にとり、浴槽に湛《たた》えて人々を入浴させている」と記している。三世紀ほど前の中巌円月の漢詩の描写とほぼ同じであることに気づくだろう。

中世の熱海郷には、義堂周信が日記に記した「平左衛門地獄《へいざえもんじごく》」や、応永五年（一三九八）の「走湯山密厳院《みつごんいん》領関東知行地注文案」に記された「熱海松輪《まつわ》村湯屋」など、ほかにも泉源と湯屋の存在が明らかになっている（『熱海温泉誌』）。走湯山領とされた松輪村は、伊豆山寄りの東側海岸近くにあり、湯屋の場所は、後の熱海七湯の一つ、現在の清左衛門湯《せいざえもんのゆ》周辺で「平左衛門地獄」のあったあたりと考えられている。こうして複数の泉源と利用が中世には明らかになり、近世の本湯＝大湯を中心にした熱海七湯の時代へ橋渡しされていく。

## 3　北関東の高原に湧く草津温泉

### 硫化水素漂う温泉「臭水」

長野との県境近い群馬県草津《くさつ》温泉の標高は一二〇〇メートル。草津白根《くさつしらね》山の東南側山腹に広がる高原に湧く。草津白根山の西南側、標高一八〇〇メートルと国内有数の高所に湧く万《まん》座《ざ》温泉とともに、温泉の熱源と化学成分、強酸性泉という特色ある泉質は草津白根の火山活動の賜物である。二つの温泉地のうち、中世に文献に姿を現し始めるのは草津温泉である。

草津町編纂『草津温泉誌　第壱巻』によると、同地に関係する古い記録は、草津白根山火口の湯釜から出土した十二世紀の平安末期頃と想定される山岳修験者が奉納した笹塔婆《ささとうば》と、鎌倉時代後期書写の『上野国《こうずけのくに》神名帳』に記載された「白根明神」「小白根明神」の二つと、きわめて乏しい。平安時代にも噴火が起き、住めなかったことも一因というが、山岳信仰の修験者が高原の窪地から豊かに湧出する高温泉を見いだし得たことは想像に難くない。

今は「くさつ」と読むが、地元の人は濁って「くさづ」とも読む。それが全国から訪れた湯治客の影響で、一般には濁らず言うようになったという。草津温泉を記した文献で最も早いのは、室町時代の学僧で歌人尭恵《ぎょうえ》法師による紀行文『北国《ほっこく》紀行』である。尭恵は文明《ぶんめい》十八年（一四八六）九月に越後《えちご》（新潟県）から三国峠《みくに》を越えて上州（群馬県）に入り、草津を訪れた。

改字された活字体ではなく筆写体の文献には、「これより桟路《さんろ》を伝い久草津《くさうづ》の温泉に二七日侍《はべ》りて、詞も続かぬ愚作などし、鎮守明神に奉納し、又《また》山中を経て伊香保《いかほ》の出湯に移り……」とある。ここに「久草津」と記されている。連歌師の宗祇《そうぎ》も文亀《ぶんき》二年（一五〇二）、越後の上杉《うえすぎ》氏のもとからの帰路、草津へ立ち寄り、入湯した。箱根湯本温泉で亡くなる年のことで、宗祇に同行した弟子の宗長《そうちょう》は『宗祇終焉記《しゅうえんき》』に「上野国久相津という湯に入りて」と書き記している。中世の二つの文献に「久草津」「久相津」と漢字が当てられていた。

草津はもともと「くさうづ（くそうづ）」というように呼ばれていたことがうかがえる。

関連して、古代から越後や出羽国などは原油地帯で、地上に湧き出た原油の強い鉱物臭から「臭水《くさみず》」と呼んだことが知られ、「草生水《くさうず》」とも記された。硫化水素ガスを含む温泉では、周囲に硫化水素臭が漂う。大量に自然湧出する草津は典型的だ。したがって原油地帯同様に、これを「臭水」と呼んだのが地名の由来ではないかとする説（『草津温泉誌』）は、最も合理的と考えられる。

初出の文献からして「くさうづ」と記すのはこれを裏付けていよう。これに当てた漢字「久草津」の久は草と読みも重なるので、草津と簡略化されていく。それでも本来の地名に近い「くさづ」という読み方を地元の人は保ってきたわけである。

## 源頼朝発見伝承

草津温泉は草津白根信仰にかかわる修験者が見いだしたのでは、と述べた。『上野国神名帳』記載の白根明神は草津白根山をご神体とする。草津で尭恵は「鎮守明神」に参詣したとあり、すでに白根明神を祀っていた。まさに草津の温泉神社にもあたる。白根明神を祀る白根神社は今も草津に鎮座し、伝統的入浴法の時間湯を行なう共同湯「地蔵湯」の専用浴舎でも、神棚に白根明神を祀る。

草津に伝わる開湯伝承の一つに、行基発見伝説もある。湯畑を見守る高台に薬師堂と共に建つ光泉寺《こうせんじ》の草津縁起『温泉奇功記』に記されたものだ。温泉寺縁起には多い話で、もとより行基が東国巡行した記録はない。なお、《行基は尭恵の訛《なま》り伝えられたもの》という説もある（明治二十一年〔一八八八〕刊の湯本平内《ゆもとへいない》著『草津温泉誌』）。

次に、《将軍源頼朝が三原野《みはらの》での狩りに来た際、地元の武士の案内で草津まで上ってきて温泉を開いた》という伝承がある。草津のいわば入口にあたる裾野《すその》の原野「三原（三原野）」で頼朝が大がかりな巻狩《まきがり》を挙行したのは、確かに『吾妻鏡』が伝えるところである。

建久三年（一一九二）三月、頼朝が扱いづらかった後白河法皇が崩御し、七月に頼朝は征《せい》夷《い》大将軍《たいしょうぐん》に任ぜられる。武家政権の地歩を固める諸施策はすでに実施していたが、公式に鎌倉幕府が成立し、武力で勝ち取った権力に正統性が与えられた。『吾妻鏡』によると、後白河法皇一周忌で服喪期間が明けた建久四年三月二十一日から五月にかけて、頼朝は巻狩を立て続けに催した。狩場は武蔵国《むさしのくに》入間野《いるまの》に始まり、下野国那須野、上野国三原野、いったん鎌倉に戻って五月は富士の裾野という順だった。狩場となった地域が点在しているのを見ると、東国での権力基盤固めの意味もあったと思われる。

図３－３　頼朝発見伝承にちなむ草津の白旗源泉と御座之湯

三原野周辺で頼朝が滞在できたのは、四月の「二十三日、那須野で狩」して以降、「二十八日、上野国よりお帰りになる」と記された五日間しかない。『吾妻鏡』の記述は短く、草津が出てこないのは言うまでもなく、上野国でどう行動したかなど一切ふれていない。

草津町と隣接する嬬恋《つまごい》村に三原の地名が現存し、万座・草津白根山への玄関口となっている。曽我兄弟の仇《あだ》討《う》ち事件を題材に成立した『曽我物語』はもう少し説明が詳しい。「三原の狩倉《かりくら》（狩場）などを見るため三が日は御逗留《ごとうりゅう》あり」として、鹿狩の様子や現地の地名がいくつか出てくるが、草津への言及はやはりない。地元の武士の案内により馬で駆け上がることができれば、草津まで往復する時間の余裕は一応あったとは言える。

こうした空白の日々を埋める伝承、由来記が後に生まれた。草津町発行の観光用草津温泉年表は伝承を受け入れ、湯畑の一角にある自然湧出泉源を源氏の白旗にちなみ、白旗源泉として石祠《せきし》の頼朝宮を祀っている。頼朝開湯伝承は、江戸時代に光泉寺による『温泉奇功記』や『草津温泉由来』がもとになって、頼朝を案内したという湯本氏を登場させてその由来としたものと、登場しないものの二つがある。湯本氏は信濃国出身で戦国時代に草津に土着し、武田信玄《たけだしんげん》から当地の支配を認められたとされ、江戸時代に大きな力を有していた。

これに対し、草津町刊行『草津温泉誌』は「中世関係伝説の歴史的検討」の一節で、頼朝発見伝説が江戸時代に成立する過程や問題点を詳細に検証。伝承は内容も年代月日もまちまちで、「三原野狩に来たとしても、草津へは来ていなかったと言える」と結論づけている。

鎌倉時代以降、歴史の表舞台に登場した東日本の温泉地の中には、このように幕府を成立させた頼朝や長く東国に進出して武威を発揮してきた源氏の武将の名声、威光にあやかる開湯伝承を持つ所が少なくないのである。

## 中世の温泉地めぐりと草津

善光寺《ぜんこうじ》に近い信濃国西厳寺《さいごんじ》の江戸時代の『西厳寺由緒書』によると、東国順礼の際に浄土真宗本願寺《ほんがんじ》教団八世の蓮如《れんにょ》上人が西厳寺に一〇カ月逗留し、文明四年（一四七二）五月に住職が案内して草津に向かったのが、史料上草津温泉を年代的に最も早く訪れた人物という（『草津温泉誌　第壱巻』）。ただし、蓮如自身の『御文《おふみ》』には、後に述べる加賀の山中《やまなか》温泉湯治については記載されていても、草津に関してはない。

尭恵の『北国紀行』に戻ると、草津に「二七日」つまり二週間逗留した後、伊香保の出湯に移った、とあった。温泉療養で一週間を一廻《ひとまわ》りという基本単位とするのは世界共通で、尭恵はきっちり二廻り滞在した。中世の草津には入浴・湯治の合間に詩作や寺社詣でしながら二週間、優に滞在できる宿や浴舎、インフラがすでに備わっていた。

次に移った伊香保温泉では、「一七日伊香保に侍り」と一廻り逗留した。伊香保もすでに宿や滞在インフラを備えていた。北関東で草津、伊香保と温泉地をめぐる旅、いわばはしご湯治の慣行が根づいていたことがうかがえる。

宗祇も、所用の旅と途中の温泉場訪問がセットになっていたようだ。文亀二年（一五〇二）に草津へ寄ったのは、越後での所用の帰り。それから伊香保も訪れている。宗祇は高齢で持病を抱えていた。だから旅の途中に温泉場をめぐるのは遊興ではなく、療養を兼ねていた。しかし病は重かったとみえ、伊香保を発《た》って駿河国に戻る途中、箱根湯本で病床に臥す。最後となる句を吟じ、弟子に前句を付けるように促しつつ亡くなっている。

宗祇や弟子の宗長をはじめ連歌師や歌人、文人らは武門・公家を問わず各地から招請されていたので、旅の理由には事欠かなかった。そうした諸国行脚の旅と遠方での滞在が、この時代に定着する温泉地めぐりの大きなモチベーションとなったのだろう。東日本では北関東の草津や伊香保と南関東の箱根や熱海・伊豆山などが主な温泉地回遊先となっていく。

室町時代後期の天文《てんぶん》十六年（一五四七）頃成立とされる辞書『運歩色葉集《うんぽいろはしゅう》』の「く（久）」項には「草津湯」が載っている。「あ（阿）」項に載る「有馬湯」と同じく、知名度は中世から高まっていた。室町時代の五山《ござん》の禅僧万里集九《ばんりしゅうく》は詩文集『梅花無尽蔵《ばいかむじんぞう》』に、「本邦六十余州にはどの州にも霊湯が有るが、その最たるものは草津、有馬、飛州《ひしゅう》の湯島《ゆしま》の三処である」と記した。ここでは古湯の有馬をしのいで真っ先に草津を挙げ、また「飛州之湯島」すなわち下呂《げろ》温泉（岐阜県）も初登場する。万里集九のこの詩文は江戸時代初期に林羅山によって孫引きされ、いつしか林羅山推奨の《日本三名泉》と称されていく。中世の温泉地めぐりの隆盛は、各地をめぐる文人をとおして温泉地を比較するまなざしをも育みつつあった。

## 4　別府と一遍上人——温泉の縁

### 別府の温泉再興と鉄輪蒸し湯

奈良時代の『豊後国風土記』に詳述された別府湾岸「速見郡」の温泉は、『伊予国風土記』逸文という「湯郡」では「速見湯」と表現されていた。これだけ早く文献に登場しながら、その後の状況は見えてこなかった。その間記録に見えるのは、山崩れが起きたこと、鶴《つる》見山《みさん》の噴火と火山の神に神階を授けたことなどだ。山崩れは宝亀二年（七七一）五月二十三日に「速見郡敵見《あだみ》郷」、後の「朝見郷」で生じたことを『続日本紀』が記している。

鶴見山の噴火等については、大宰府からの貞観九年（八六七）二月二十六日付報告として、火男神《ほのおがみ》と火売神《ほのめがみ》の二神が山嶺に鎮座する速見郡鶴見山が正月二十日に噴火して岩石を飛ばし、山頂池からは沸騰した温泉が川となって流れ出し、道路が通れなくなったと史書『日本三代実録』が伝えた。朝廷は同年四月三日には火山の神を鎮める儀式を行ない、八月十六日には火男神と火売神の二神共に正五位下へと神階を上げている。

温泉資源状況は変わらず活発でも、奈良・平安時代を通じた別府の温泉の出来事は伝承の域を超えない。一方、速見郡朝見郷には平安後期、北域に荘園の石垣《いしがきのしょう》荘や竈門《かまどのしょう》荘が成立して郷域は縮小していく。しかも郷内には両荘を含めて強大な宇佐八幡宮《うさはちまんぐう》領が広がっていた。
鎌倉時代の弘安八年（一二八五）十月の『豊後国図田帳《ずでんちょう》』は、国内所領の名称、田積、所有関係を明らかにしている。そこでは「千町余五町」の速見郡内で「石垣荘二百町」のうち「本荘百四十町」が宇佐宮領で、「別府六十町」が地頭職名越の所有となっている。「朝見郷八十町」が宇佐宮領地頭職、「竈門荘八十町」は宇佐弥勒寺《みろくじ》領というように区分されていた。ここに別府の名称が現れる。国府・本荘に対する別府が地名の根拠とみなされている。

　このとき『豊後国図田帳』を幕府に提出したのが、頼朝から豊前《ぶぜん》・豊後国守護に任ぜられた御家人の大友《おおとも》氏の中で初めて豊後国に土着した三代大友頼泰《よりやす》である。この大友頼泰が中世に表舞台に再登場する別府の温泉とかかわる人物とされる。もうひとかたが、時宗《じしゅう》の祖一《いっ》遍《ぺん》上人である。

　二人の出会いは、一遍上人の弟子聖戒《しょうかい》が正安《しょうあん》元年（一二九九）に作成した『一遍聖絵《ひじりえ》』第四の詞書に記される。一遍上人は建治《けんじ》二年（一二七六）に四国から九州に渡って各地を遊《ゆ》行《ぎょう》。弘安元年（一二七八）に豊後国から四国へ渡ろうとしていたとき、「大友兵庫頭頼泰が一遍上人に帰依した。しばらくそこに逗留し、法門のことなどを談じ合った」という。

　もっとも、これだけでは二人と温泉のかかわりは見えてこない。大友頼泰については、《文永《ぶんえい》九年（一二七二）に別府の温泉に浴し、温泉奉行を置いた》（『別府温泉誌』、『別府市誌』）といった話も伝わるが、裏付けはない。

時代がずっと下ってまとめられた『一遍上人年譜略』の「建治二丙子」年（一二七六）の項には、豊後に至った一遍上人について、「同国府中鶴見嶽に至ると、傍らに温泉有り。これ熊野権現方便の湯なり」という記述がある。ここに初めて別府の温泉と一遍上人の出会いが語られている。地元ではこれを、「熊野権現の霊力をもって上人が（別府の）石風呂《いわぶろ》（蒸湯）、渋の湯、熱の湯の三名湯を開発されたいきさつを伝えている」（『別府温泉史』）と理解している。このように地元には、一遍上人が人々を困らせてきた鉄輪《かんなわ》の大地獄を鎮めて利用できるようにしたという鉄輪地獄開発の伝承が伝わる。

別府の温泉開発の鍵《かぎ》は、湯に入る入浴法ではなく、鉄輪地獄に代表される高温の噴気・地熱地帯に石風呂を設けて蒸し風呂として活用することにあった。これは八瀬の釜風呂のように熱気・蒸気浴のノウハウを応用したもので、瀬戸内地方にも普及していた。『一遍聖絵』第三には、九州遊行のとき真っ先に訪れた大宰府にいる師の聖達《しょうたつ》上人の禅室で、師が用意した蒸し風呂を一緒に楽しむ有名な絵がある。一遍上人は伊予国の豪族河野《こうの》氏の出で、道後温泉のある温泉郡生まれ。蒸し風呂と温泉の療養効果を共に熟知していたことだろう。

一遍上人が九州を遊行したのは、元寇《げんこう》の文永の役（一二七四）と弘安の役（一二八一）の間であった。博多湾周辺の激しい攻防で、戦傷者も続出していた。大友頼泰は鎮西東方奉行を兼ねて出陣、陣頭指揮をとっており、戦傷病者の手当て、リハビリは大きな関心事だったはず。民衆への布教、救済に専念し、温泉療養法と効果を知る一遍上人が、元寇の役の傷病者療養に別府の温泉を活用する方策を大友頼泰に伝えたであろうことは想像に難くない。

## 一遍上人と熊野、説経『をぐり』

一遍上人に帰依した大友頼泰は、一遍の幼名「松寿《しょうじゅ》」に因《ちな》む寺名の松寿寺を鉄輪の蒸し湯、渋の湯、熱の湯前に建立、寄進したと伝わる。享和《きょうわ》三年（一八〇三）刊の『豊後国志』には、「石垣荘鉄輪村に在って釈智真《しゃくちしん》（一遍上人）を開祖と為《な》す」とある。松寿寺は時宗の寺院として続いたが、明治になって廃《すた》れた。そこで明治二十四年（一八九一）に尾道《おのみち》から寺を移して温泉山永福寺《おんせんざんえいふくじ》として跡を継ぎ、今日に至る（『豊後速見郡史』）。鉄輪温泉の湯浴み祭りでは、一遍上人坐像を温泉で沐浴させる法会《ほうえ》が行なわれている。

ここに出てくる熊野権現と一遍上人及び時宗の結びつきは深い。一遍上人が一切衆生《いっさいしゅじょう》への念仏勧進《かんじん》の確信、悟りを得たのは、熊野本宮参詣時に熊野権現の神託を受けたことによるという（『一遍聖絵』第三）。熊野本宮の本地は阿弥陀仏《あみだぶつ》で、熊野権現はその垂迹《すいじゃく》として出現したものとされた。一遍とその後の時宗の展開は熊野権現信仰と固く結ばれていた。

一遍上人との出会い以降、中世の別府の温泉は松寿寺の湯聖や念仏聖によって広く喧伝《けんでん》さ

図３－４　一遍上人ゆかりの別府鉄輪温泉「永福寺」

れ、大いに栄えたという（『別府温泉史』）。当時の豊後・豊前国には時宗教団の根拠地となる寺が多く、人々の娯楽、救いでもあった念仏踊りと温泉の利用、憩いをとおしても念仏を広める役割を果たしていたと思われる。

『豊後国風土記』に「河直《かわなお》」山《やま》の名があったが、『豊後国図田帳』に鶴見村とは別に、大友頼泰所領の「鶴見村加納《かのう》」という地名が出る。これは鶴見村の新規開拓地のようだ。「加納」が鉄輪と変わっていくのは、時宗の念仏の演目に「鉄輪」が出てくるように、湯聖らの仏教的な解釈が加えられたからではないか、という説がある（『別府温泉史』）。

そして時宗と熊野は、温泉との縁も深い。最も象徴するのが、中世に流行した節をつけて語る説経で、小栗判官《おぐりはんがん》と照天姫《てるてひめ》の物語『をぐり』

はその頂点にある。

殺されて地獄に堕ちた小栗の、部下を思いやる心から閻魔《えんま》大王は、「熊野湯の峰の湯に入れよ」との札を胸に下げた餓鬼阿弥《がきあみ》の姿で娑婆《しゃば》に戻す。小栗を載せた土車《つちぐるま》は時宗の上人や照天姫に引かれて湯の峰温泉に着き、薬湯で四十九日の療養の結果、小栗は元の姿に戻る。『をぐり』の物語は熊野聖や時宗の念仏聖の布教活動とともに全国に広まる。物語から湯の峰温泉は《再生の湯》の誉れも得た。熊野権現の威光は中世の温泉世界に輝きを見せ、熊野聖や時宗の湯聖らの温泉地へのかかわりも深まっていったと考えられる。

### 熊野と中世の道後、有馬

『一遍聖絵』詞書によると、一遍上人は厳島神社参詣後の正応《しょうおう》元年（一二八八）にひとたび伊予に戻った。道後温泉の湯釜薬師に刻まれた「南無阿弥陀仏」の名号は、領主河野通有《みちあり》が一遍に依頼したものという。道後でも湯聖らの活動は盛んだったのだろう。

有馬温泉にも変化が生じていた。伝承によると、《承徳《じょうとく》元年（一〇九七）に洪水があって人家を押し流し、温泉も廃れたまま九五年余経た。建久二年（一一九一）二月に吉野の僧仁《にん》西《せい》が熊野権現の霊夢により有馬に来て、温泉を再興。吉野の民を引き連れて十二の坊舎を建てた》（『有馬温泉誌』）という。内容は、（一）有馬温泉が平安末期に一時廃れた、（二）鎌倉時代に入る頃、吉野の仁西が聖集団を伴い、有馬に来て温泉場を再興した、の二点に要約できる。仁西は有馬再興の恩人の一人とされる。

仁西は熊野とつながる修験道の聖地・吉野の人。熊野権現のお告げで来たというから、有馬も中世になって熊野信仰・熊野聖らの影響が色濃くなったことがうかがえる。延喜式内社の湯泉神社に熊野の神「熊野久須美命」が祭神として参入したのもその結果だろう。

伝承は、《承徳年中（一〇九七～九八）から建久二年（一一九一）まで有馬温泉は廃れていた》とするが、実際はそうと言えない。その期間に法皇、女院をはじめ都の貴族も有馬温泉に出かけているのだ。

大治《だいじ》三年（一一二八）三月二十二日には白河《しらかわ》法皇が有馬温泉に御幸した（『百錬抄《ひゃくれんしょう》』第六）。安元二年（一一七六）三月九日には後白河法皇と建春門院《けんしゅんもんいん》が有馬に御幸した（『百錬抄』第八）。文治二年（一一八六）八月二十六日には、病気を抱えた兼忠が湯治のため有馬温泉へ出かけたことを、前出の日記『玉葉』に九条兼実が記している。《承徳元年に洪水があって人家を押し流し》というのも、『中右記』によれば被害を生じたのは京都周辺で、有馬の話ではない。また、たとえ災害があったとしても、有馬温泉は客を受け入れるだけの入浴・宿泊施設や機能を維持していた。

《建久二年以降、仁西が有馬に（宿坊となる）十二坊の坊舎を建てた》というのもどうなのだろうか。

『明月記』によると藤原定家は、建仁《けんにん》三年（一二〇三）七月七日に有馬の「上人湯屋」という宿に滞在していた。名称は熊野聖・湯聖の影響を感じさせる。承元《じょうげん》二年（一二〇八）十月七日から十五日まで滞在したときの宿名は記していないが、「故平大納言頼盛《よりもり》卿後家（平頼盛末亡人）」は「湯口屋」、「播州羽林《うりん》」（櫻井陽子《さくらいようこ》「有馬温泉（湯山）と定家」によると、藤原基忠《もとただ》とされる）は「上人法師屋」、「左府大納言（九条道家）」は「仲国屋《なかくにや》」をそれぞれ宿にしていた。仲国屋は、建暦《けんりゃく》二年（一二一二）正月二十二日から二十八日まで定家が有馬に滞在したとき、紹介で宿にした「仲国朝臣（源仲国の）湯屋」と同じだろう。

湯口屋や仲国屋は以前からあった宿（湯屋）と思われる。従来の宿も維持しつつ、鎌倉時代以降は浸透する熊野聖・湯聖らが運営を担う宿も次第に増えていったと考えられる。中世の有馬関連史料が記す仁西再興伝承には「坊々家々を造らせた」（『湯山阿弥陀堂縁起』）とあるだけである。「十二坊舎」というのは江戸時代になってからの話だ。

《十二の坊舎を建てた》というのは、温泉の守護仏として定着する薬師如来を守護する十二神将になぞらえたものだ。それは後に述べる山中温泉の『山中温泉縁起絵巻』（医王寺《いおうじ》蔵）が、薬師如来の化身の導きによる行基の発見に始まり、温泉場の荒廃を経て、信仰心に満ちた再興者が鎌倉初期に現れ、《湯本に十二舎を営ませた》とする再興伝承を物語るのと似ている。

いずれも新しい信仰集団の温泉地への関与が想定される。全般に中世の人々の温泉に対する敬虔な思い、感謝の念が根底にあり、こうした温泉縁起や再興伝承が中世の時代に編まれていったと言えるのではないだろうか。

# 第四章　惣湯と戦国大名の《隠し湯》
## ——戦国・安土桃山時代

### 1　共同湯の原点「惣湯」の成立

#### 加賀の山中温泉と蓮如上人

北陸地方は本来、温泉資源に恵まれているとは言い難い。その中で加賀国には現在の加賀温泉郷の山中、山代、粟津や金沢市近郊の湯涌《ゆわく》温泉など早くから高温泉が湧いていた。加賀のこうした温泉地は、中世以降「惣湯」と呼ぶ共同湯を核にかたちづくられ、発展したことで日本の温泉史上に輝く。惣湯を総湯と表記するようになった明治以降も、総湯のある共同湯広場を中心にした独特な温泉街景観を今日まで保っていることでも特筆すべきだ。

加賀には白山信仰の白山権現を奉じる白山社が根づいていた。応仁《おうにん》の乱（一四六七〜七七）が起きた室町後期、浄土真宗本願寺教団八世の蓮如上人が文明三年（一四七一）に越前吉崎《よしざき》に建てた坊舎を拠点に北陸一帯で布教活動を始めると、本願寺教団の勢力が強まった。このことが加賀国の統治構造のみならず、温泉地にも大きな影響を及ぼした。

山中温泉には開湯由来を物語る『山中温泉縁起絵巻』がある。寛政《かんせい》十年（一七九八）に火災で焼失したが、ほかで残されていた焼失前の漢文旧記をもとに文化《ぶんか》八年（一八一一）に仮名交じり文体で復元された。「建久五年（一一九四）甲寅　金剛山医王寺」と制作年を記した旧記を伝える宝暦《ほうれき》年間（一七五一〜六四）成立の『加越能三州奇談《かえつのうさんしゅうきだん》』によると、開湯は行基というが、復元された縁起より白山信仰の影響が色濃い。温泉の再興話に鎌倉幕府の御家人で山中一帯も影響下においた長《ちょう》（長谷部《はせべ》）氏や、「湯番《ゆばん》」として地元江沼《えぬま》郡の鎌倉時代の地頭・狩野遠久の名も出る。その頃山中温泉の輪郭がかたちづくられたと思われる。

山代温泉も行基開湯縁起（「温泉寺略縁起」）を持ち、両温泉のつながりが見てとれる。山代温泉は元来の泉源地に建つ薬王院《やくおういん》温泉寺が白山信仰により開かれ、縁起は泰澄と行基のかかわりを強調し、温泉再興者は平安後期の天台宗の明覚《みょうがく》上人とする。古代の江沼郡にあった「山背郷《やましろ》」には平野部の山代温泉と少し奥まった山中温泉も含まれていたと思われる。

蓮如上人が、「文明第五（一四七三）九月下旬第二日……加州山中湯治」と『御文』に記したのが、文献上の山中温泉の初出だ。吉崎坊を拠点道場、一大寺内町とした蓮如は加賀各地を回る合間に、山中温泉で骨休めしたのだろうか。このとき山中温泉にはだれもが入れる共同湯つぼ（共同湯）がすでに整っていた。

山中温泉には燈明寺《とうみょうじ》をはじめ、蓮如の山中湯治の際に本願寺教団に帰依した寺院が多いという（『加賀市史通史』）。折しも蓮如の山中入湯の年、加賀の守護家の富樫《とがし》氏が二分した内紛を契機に、本願寺門徒（一向衆《いっこうしゅう》）を中心とする一向一揆《いっき》の兆しが見え始めていた。

本願寺門徒の中心は大坊主《だいぼうず》と呼ばれた在家俗体の荘園代官、地侍層の国人《こくじん》、長百姓《おとなびゃくしょう》の名主《みょうしゅ》だが、門徒は農村にかぎらず、川筋など交通と物資流通を握る人たち、技術を備えた職人など商工業者まで幅広かった。新たな経済力を持ち、在来権力をしのごうとする彼らのみなぎる力は、教団の政治的中立を優先する蓮如も抑えきれないものがあった。長享《ちょうきょう》二年（一四八八）、加賀の一向一揆勢力は越中や越前、近江にまたがる門徒の支援を受けて、加賀国守護富樫政親《まさちか》を攻め滅ぼした。それから約一世紀、本願寺門徒をはじめ在郷の人々が加賀の各村落共同体から国全体の趨勢《すうせい》まで担う「百姓ノ持《もち》タル国ノヤウニ」（『実悟記拾遺《じつごきしゅうい》』）なった時代が続く。その時期に加賀の温泉地の核となる惣湯も成立したと考えられる。

## 惣村的な温泉集落と惣湯

『山中温泉縁起絵巻』は、温泉場がかたちづくられる中世後期の様子も描いている。絵の中央には屋根掛けして常時入浴できる泉源湯つぼ。子供と一緒に入って世話する母親や年配の

図4－1　『山中温泉縁起絵巻』（医王寺蔵）

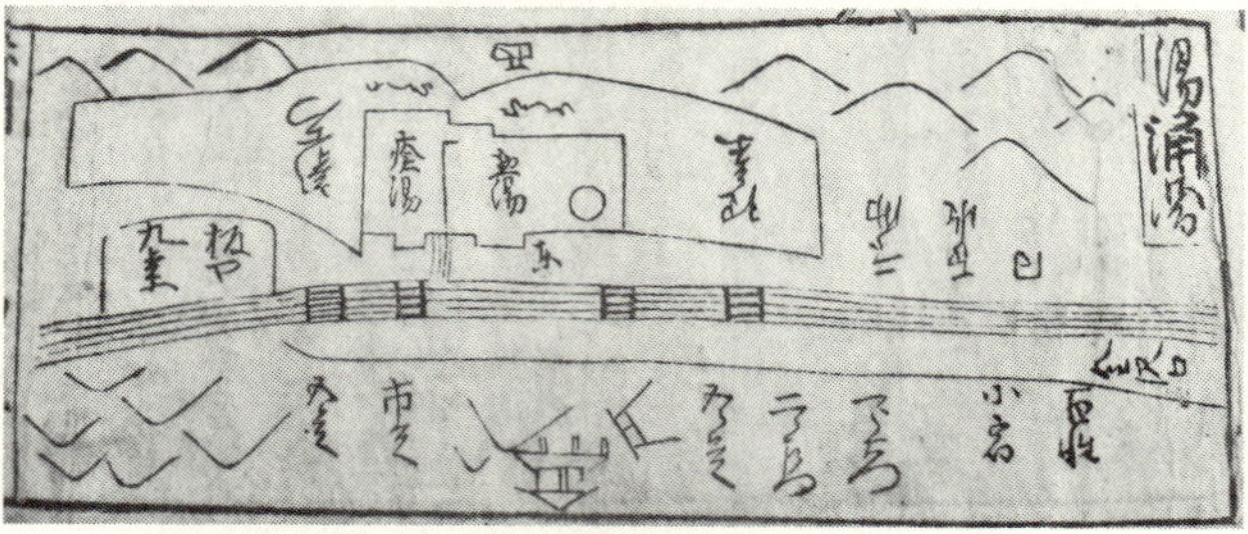

図4－2　『六用集』湯涌惣湯図
（金沢市立玉川図書館近世史料館蔵）

男性など老若男女が、湯ふんどしや湯文字など湯具を着けて和気あいあい混浴している。唯一の泉源湯つぼが共同湯（共同浴場）となっていく。蓮如上人が入湯したのもここしかない。入浴後は腹も空くし、一休みしたくなる。周辺を行き交う人の中に物売りの子もまじる。周りを囲むように家屋が建ち、一隅で休む人や琵琶《びわ》を弾く琵琶法師の姿も。温泉が評判を呼び、近隣をはじめ各地から入浴・湯治者が集まると、並ぶ家屋はやがて店や宿屋になり、泉源共同湯つぼのある広場を中心に温泉場が形成されていく。

この泉源共同湯つぼを中世に何と呼んでいたか。江戸前期の図に答えが見つかる。正徳《しょうとく》五年（一七一五）に金沢で出版された『六用集』の「山中湯図」で、山代、粟津、湯涌温泉とほかの加賀国の代表的温泉地の湯図も一緒に収めている。

簡素な湯図の中央が共同湯広場になっていて、方形に南町、湯尻町など街路で仕切られ、周囲にきっちり宿が並ぶ。まさに現代と異なる計画的温泉街の形成で、宿の数四二軒。宿の名前も「扇や」「泉や」などと記されている。「泉や」は元禄二年（一六八九）七月に奥の細道紀行で芭蕉《ばしょう》がゆっくり逗留した宿、泉屋だ。芭蕉は泉屋の若き当主久米之助《くめのすけ》に自分の俳号の一字を与え、弟子としている。

共同湯浴槽は「上《かみ》ゆ」「下《しも》ゆ」とも男女に分けている。昔はすべて混浴だったと思われがちだが、有名温泉地は男女別浴が多かった。その証左の一つである。共同湯は「瘡湯《そうゆ》」と記される。これだけでは山中温泉の泉質が傷に効く石膏泉《せっこうせん》（カルシウム－硫酸塩泉）なので、そう名付けたと思うかもしれないが、もともと「そうゆ」と呼んできた共同湯におそらくその意味も込めて当てたことは、ほかの湯図からわかる。「山代湯図」は漢字で「惣湯」と記す。「湯涌湯図」は共同湯つぼをおそらく湧出口を境に男女に仕切り、それぞれ「惣湯」「瘡湯」と漢字を当てる（図4－2）。要するに共同湯は「そうゆ（惣湯）」と呼ばれた。山中の共同湯も、「山中湯図」以降のたとえば天明《てんめい》元年（一七八一）の『今江組巨細掌記《いまえぐみこさいしょうき》』は「惣湯」と記している。

惣湯とは何か。中世に畿内から周辺地域にかけて、荘園制度の解体の中から自治的な村落共同体である惣庄・惣村が形成された。惣村は村で惣有する山林や宮座のための宮田など惣有地や、共同祭祀にかかわる惣社・薬師堂・観音堂など惣有財産を保持していた。加賀も惣村的な村落構造が発達した地域で、本願寺教団の浸透、一向一揆勢力の勝利は本願寺教団独自の「組」組織にまとめられる各村落の自治性をさらに強めた。

村の生活に欠かせない山林や水資源、温泉が湧く地域では温泉資源とその利用にかかわるものも惣有の重要な対象となった。山中温泉をはじめ加賀の温泉地では、温泉の利用で最も基本となる大事な泉源湯つぼが集落共同管理の対象となり、唯一の泉源共同湯つぼか代表的な共同湯がシンボル的に惣湯と呼ばれていく。惣湯の存在は、実際には山中温泉同様に江戸時代に入ってからの文献や村明細帳などの地域史料から明らかになる。とはいえ惣湯の成立自体は、中世に発展した惣村的な温泉地域共同体形成の中で育まれたものなのである。

### 上杉と武田のはざまの野沢温泉

惣湯が中世から形成されたと考えられる地域として、続いて北信地方（長野県北東部）が挙げられる。野沢温泉と湯田中《ゆだなか》渋《しぶ》温泉郷の渋温泉が代表となる。

戦国時代に北信地方は、越後の長尾《ながお》（上杉）氏と甲斐の武田氏の覇権争いの最前線となった。第三回の川中島《かわなかじま》合戦を前に弘治《こうじ》三年（一五五七）五月十日、長尾景虎《かげとら》（上杉謙信《けんしん》）が戦勝祈願に奉納した願文が小菅《こすげ》神社（飯山《いいやま》市）にある。小菅神社は戸隠、飯綱《いいづな》と並ぶ霊場小菅山元隆寺《がんりゅうじ》で、上杉氏の庇護《ひご》下にあった。その願文に「北に温泉が有り、山々に隔てられているが、大勢の者が入浴に訪れる」と、にぎわう様子を指摘した温泉場が野沢温泉である。

一方、武田晴信《はるのぶ》（信玄）側も野沢温泉を意識していた。信濃国人衆の一人で鎌倉時代から地元の志久見《しくみ》郷地頭職にあった市河藤若《いちかわふじわか》に宛てた同年六月二十三日付書状には、「よって景虎、野沢の湯に至り陣を進め、その地へ取りかかるべき模様……野沢在陣のみぎり……湯本より注進次第当地へ……」と、上杉軍の接近に伴い、湯本すなわち野沢の湯あたりに陣を置く市河藤若との連絡、連携を怠らない。

図４－３　野沢村温泉全図（嘉永２年亀屋元版）が記す惣湯

北信地方に古くから根を下ろしていた市河氏にとって、野沢温泉はなじみがあった。「市河氏文書」には鎌倉時代に「志久見郷湯山」や「湯山庄」として野沢温泉がたびたび登場する（『野沢温泉薬師堂縁起』）。野沢は中世には温泉場として確立していた。

そして戦国時代、国境を接する越後から勢力を伸ばす上杉謙信と、信州南東部まで勢力圏に入れた武田信玄の攻防のはざまに置かれる。といってもどちらの陣営も、「野沢の湯」を戦乱にまきこむことは考えていなかった。野沢温泉は戦国の世にも湯治人でにぎわうアジール的な温泉場だ。後述するが、戦国大名も温泉場の戦略的な価値を認めていたのである。

野沢温泉の入浴の場はどんな様子だったのか。輪郭が史料から浮かび上がるのも、実際は江戸時代に入ってからのこと。野沢温泉に滞在用の仮屋敷と湯殿を設けていた飯山藩主松《まつ》平忠喬《だいらただたか》が宝永《ほうえい》三年（一七〇六）に転封され、跡地の処置のため野沢村組頭四名と惣百姓の連名で家臣に口上書を出した中に「惣湯」とあるのが初見となる。

山中温泉と違い、北信地方は温泉資源が豊かだ。それが湯つぼの数に反映し、野沢では江戸初期に上の湯、中の湯、下の湯の三ヵ所の草分け的な共同湯つぼがあった。後の村の史料（明和《めいわ》八年〔一七七一〕八月「覚」）からそれは裏付けられ、最も大きい湯つぼの「上の湯」が別格で、惣湯と称されていた。

野沢は村史料に「村持《むらもち》」という言葉がよく出る。豊富な地下水や薬師堂の境内地、温泉と共同利用湯つぼも村持だった。したがって村の惣有の湯つぼという意味では、野沢温泉草分けの三ヵ所の共同湯はみな惣湯である。その中でも温泉寺にあたる健命寺《けんめいじ》と薬師堂の真下に位置して、温泉が豊富に自然湧出し、最も利用され、湯つぼも最大だった上の湯が、村持のシンボルとして惣湯と呼び慣わされてきたのだろう。

村持は中世の惣村持（村の惣有）と同じ。江戸時代には百姓主体で現在の大字《おおあざ》単位に近い近世郷村制《ごうそんせい》が成立して、惣村は基本的に解体された。とはいえ、野沢や渋温泉のある高井郡でも、「この頃進んだ惣村的な村では、一定の家格・資産・年齢などの条件を備えた乙名《おとな》を撰《えら》び、惣寄合によって連帯的に村の掟《おきて》を定めて村の自治をはかった」（『山ノ内《やまのうち》町誌』）とあるように、中世以来の合議制（寄合）、年貢・公事の村請《むらうけ》、惣有財産、自力救済といった惣村的な自治要素は、統治側にも都合がよいため保たれた。自治的温泉集落の場合、近世を通じて温泉資源と利用施設・共同湯つぼも惣有的に維持されていくのである。

### 武田信玄が再興した渋温泉寺

野沢温泉と同じ高井郡（下高井郡）の湯田中渋温泉郷も、戦国時代に上杉氏と武田氏のはざまに置かれた。背後に岩山が連なり、奥山にかけて山岳信仰の高井富士（高社山《こうしゃさん》）がそびえて修行と回峯《かいほう》の場となり、最奥に噴泉ほとばしる地獄谷温泉の名称からも、温泉の発見利用に山林修行者の関与があったと思われる。湯田中温泉を見下ろす弥勒峯《みろくみね》の麓、金倉《かなぐら》の地に巨大な安山岩《あんざんがん》で造った一石一尊仏の弥勒石仏が半分大地に埋もれたかたちで存し、光背の銘文から平安末期の大治五年（一一三〇）に「安応」という聖が願主となったことがわかる。

渋温泉は温泉寺が温泉場形成の核となった。創建の時期はわからないが、修験道とかかわる密教系寺院として開かれたようだ。戦国時代にこの山ノ内地方を治めていた信濃国人衆の一人、高梨《たかなし》氏が武田氏の侵攻に押されて上杉氏のもとに去ると、一帯は武田氏の勢力下に入った。中世の時代、荒廃していた温泉寺に天文二十三年（一五五四）、信玄は信濃国で徳望の高かった曹洞宗の禅師節香徳忠《せっこうとくちゅう》を中興開山の祖として迎え、後に寺領も寄進している。渋も温泉境内にも温泉が湧く。以前は信玄の竈風呂《かまぶろ》と銘打った蒸し風呂や浴槽もあった。

が豊富で、住民管理の共同湯が一〇カ所を数える。地元旧沓野《くつの》村の『沓野史』(『和合会の歴史』所収)には、弘治二年(一五五六)に信玄の命で温泉寺整備とともに浴槽をつくったとあるから、門前に広がる温泉場にも共同湯つぼが早い時期からあったはずである。

渋の惣湯が確認できるのは江戸時代で、元文《げんぶん》五年(一七四〇)九月に沓野村の村方《むらかた》三役以下連衆が温泉寺に差し出した「差上申《さしあげもうす》証文之事」による。証文は、寺領内に湧く温泉を引湯して湯つぼをつくる了解をとりつけたもので、これを契機に共同湯つぼがさらに増えた可能性が高い。その中に共同湯つぼとして「瀧之湯」と「惣湯」の二カ所が認められる。

渋温泉でも湯つぼは「村中《むらじゅう》」すなわち村持で、惣有であったことが、その後の村の史料(たとえば宝暦十二年〔一七六二〕十二月「湯田中村沓野分午検地本田水帳」)からわかる。野沢と同じく共同湯つぼを複数持つ渋でも、中心で規模も大きな共同湯つぼがシンボル的に惣湯と称されたのだろう。渋温泉を描いた江戸中期の版画(『和合会の歴史』所収)には、高薬師の石段下の広場の半地下に「本湯」がある。ほかにも共同湯つぼが複数あり、本湯が最も大きく中心となっている。本湯は現在の渋大湯《おおゆ》と同一地。渋の惣湯は本湯とも呼ばれていた。それが「大湯」とも呼ばれるようになって明治に至るのは、野沢温泉の惣湯と同じである。

主泉源やその共同湯つぼに「大湯」という呼称をつけるのは、東日本に集中している。なかでも湯田中渋温泉郷は渋、湯田中、安代《あんだい》、角間《かくま》、穂波《ほなみ》、星川《ほしかわ》の六つの温泉地に六カ所の大湯が備わる稀有な温泉郷だ。大湯はそれぞれの温泉地の最も代表的な共同湯に冠せられる。そのルーツは中世に端を発する惣湯という歴史的な共同湯つぼにあった。

## 2 《〇〇の隠し湯》の意味するところ

### 信玄による草津湯治の一時停止令

永禄《えいろく》十年（一五六七）五月四日、武田信玄は支配下にあった上野国西北部（群馬県吾妻《あがつま》郡）の地侍・土豪集団の三原《みはら》衆に対し、六月一日から九月一日まで三ヵ月間、「近辺之民の訴え」があったという理由で「貴賤《きせん》一切の草津湯治停止」を下知した。草津温泉に湯治客が集まる夏場の三ヵ月間、一般人の入湯を禁止したのは、軍事的な判断にもとづく措置だった。

信玄と謙信の攻防は、越後から関東への出入口にあたる上州方面でも激しさを増す。謙信は、主家筋だった山内《やまのうち》上杉家の関東管領《かんとうかんれい》上杉憲政《のりまさ》が北条氏に攻められて越後に逃れてきたため、関東に攻め入る口実を得た。永禄三年（一五六〇）、謙信と上杉憲政は北条氏を攻めるため上野国に出陣。対抗して武田軍も翌年、西上州に攻め入った。武田氏の強みは、信州上田《うえだ》城の真田《さなだ》氏（真田幸隆《ゆきたか》）を味方とし、吾妻郡代の真田氏に付き従う吾妻地方の地侍・土豪衆の勢力が強かったことだ。その中に草津一帯を治めていた湯本氏もいた。

最前線となった上野では、城取りをめぐり争っていた地侍・土豪衆が上杉、武田両陣営のどちらかに属するようになり、上杉、武田両軍が上州に進出した永禄年間後半、合戦はとくに絶え間なかった。戦死傷者が続出するが、兵農分離していない時代に合戦にかり出されるのは、地侍層も含めてふだん百姓なり仕事をしている者たちだ。そうした戦傷者の傷を癒し、戦力として復帰させるために大いに役立つのが温泉湯治である。

折しも湯治停止令前年の永禄九年（一五六六）に、吾妻郡は信玄側の支配におちた。信玄は真田氏の被官《ひかん》である湯本氏を通じて西上州最大の湯治場、草津を掌中におさめる。この頃、万座温泉もすでに宿泊滞在ができる湯治場であったことが、地元の有力土豪の一人、羽尾《はねお》氏が万座で湯治をしていた留守中に居城を土豪の鎌原《かんばら》氏に奪取されたことから確認できる。

草津を自陣営の一大療養リハビリセンターにするには、合戦にかりだされる地元民や地侍層以外の入湯者を締め出す必要がある。それが草津のハイシーズンと言うべき期間中の先の措置だった。信玄には三河《みかわ》・尾張《おわり》方面への進出という大きな目標が控えていた。立地的には標高の高い所にあるとはいえ、名湯の誉れとともに知名度が高く、大勢が訪れる温泉地となっていた草津を独占、貸し切るにはこうした措置をとるしかなかった。しかしそれほど知られず、入湯者の訪れも少ない、辺鄙《へんぴ》な場所にある温泉地では別の措置がとられる。

## 戦国統治手段としての《隠し湯》

戦国大名でも信玄には《信玄の隠し湯》と言われる温泉地が多い。分布をみると、本国では下部《しもべ》、増富《ますとみ》ラジウム、川浦《かわうら》、積翠寺《せきすいじ》、要害《ようがい》、甲府の湯村《ゆむら》温泉など。信州では渋、八ヶ岳《やつがたけ》山麓の渋御殿湯、上田の大塩《おおしお》温泉。駿河国に入った梅ヶ島《うめがしま》温泉（静岡市）。相模国に入った丹沢《たんざわ》の中川《なかがわ》温泉など。上州方面を除き、信玄が一代で築いた武田氏の最大版図と重なっている。

下部では岩盤底自然湧出泉を守る老舗《しにせ》宿が信玄と父信虎《のぶとら》からの湯免状《ゆめんじょう》を保存している。《隠し湯》には共通点がある。よく知られ、入湯客が多い温泉地は隠し湯にはならない。基本的には訪れるのも不便な奥まった所にあり、限られた人にしか知られていない湯治場である。こうした所は管理下におきやすい。その意味で渋温泉は《隠し湯》というより、信仰心の篤かった信玄が寄進した温泉寺を中心に、特別な庇護の温泉地と言える。

温泉自体はどうか。泉質はアルカリ性単純温泉、放射能泉、硫黄泉、食塩泉、大塩温泉は石膏泉と幅があり、共通項はない。泉温は、湯村温泉や川浦温泉を除き、もともと高温泉に乏しい甲州の風土を反映してか、冷泉やぬる湯が目立つ。しかしぬる湯は長湯できて副交感神経に作用するため、心身をリラックスさせて緊張や疲れを和らげ、末端までよく温めて新陳代謝を促し、同時に有効なミネラル成分を皮膚から体内により浸透しやすくする。このように泉質より大事なのは、刀傷や出血、骨折や打撲、全身疲労など戦傷者を早く回復させる効果が優れているかどうかだ。こうした温泉は古くから「傷の湯」と称されてきた。

一般に傷の湯で評判の温泉は、痛み緩和の鎮静作用があり、出血を止めるカルシウムイオンや皮膚に働く硫酸イオンが多く含まれる石膏泉など硫酸塩泉、あるいは殺菌力と保温効果に優れた食塩泉が多い。大塩温泉は前者の代表で、川中島合戦の際に傷兵を湯治させたと伝わるのは、立地を含めて納得いく。また、増富ラジウム温泉のような放射能泉も、痛みの軽減、疲労回復の効果が古くから、とくに海外では着目されてきた。

さらに共通点に近い、《隠し湯》にすべき要因がある。下部温泉は岩盤底の裂け目から自然湧出するぬる湯が傷に効くとされてきたが、周辺には湯之奥《ゆのおく》金山はじめ最盛時三七カ所の金採掘場があったという。それを信玄の父信虎時代から武田氏親族の穴山《あなやま》氏が統治していた。増富ラジウム温泉も駿河の梅ヶ島温泉も金山で知られる。地質時代で第三紀の浅い熱水性鉱床に金銀が溶融、沈殿していることなど、金銀鉱脈と温泉の関係は地質学的にも注目される。

鉱物資源では、草津と奥の万座温泉の場合は硫黄成分が多く、黒色火薬の原料ともなる硫黄を採取し、地元の湯本氏が硫黄五箱を信玄に献上した話が伝わっている。火器が発達した宋《そう》代の中国に硫黄を輸出したように、硫黄は火山・温泉国日本の戦略物質の一つだった。

武田氏自身、《隠し湯》や掌中の湯治場は役立っていた。武田氏の軍学書として天正《てんしょう》年間

（一五七三〜九二）には成立し、近年史料価値が再評価される『甲陽軍鑑《こうようぐんかん》』は、武田軍が信濃進出をはかって村上《むらかみ》氏と天文十六年（一五四七）八月に合戦したとき、信玄も負傷し、お膝《ひざ》元《もと》の湯村温泉で湯治をしたと記す。武田氏三代の居館自体が温泉に囲まれている。現武田神社がある躑躅ヶ崎《つつじがさき》に信玄の父信虎は居館を移した。背後を要害《ようがい》城のある山と谷で守られ、古《こ》刹《さつ》積翠寺近くに積翠寺温泉が湧いていた。緑礬《りょくばん》（硫酸鉄）成分を含む冷鉱泉である。居館の西には、互いを見渡せて烽火台《ほうかだい》の機能を持つ湯村山《ゆむらやま》の懐に湯村温泉があり、湯村山城を築いていた。居館の足元に利用できる温泉がある。この構図は、信長《のぶなが》の妹お市《いち》の方が嫁いだ近江の浅井長政《あざいながまさ》の小谷《おだに》城下の居館に近い須賀谷《すがたに》温泉と似ている。

《〇〇の隠し湯》は上杉氏をはじめ領国内に温泉場を持つほかの戦国大名にもあてはまる。《隠し湯》ではなくても、領国内の温泉を意のままにする例はほかにも見られる。北条氏は天正十三年（一五八五）八月、箱根宮城野《みやぎの》の木賀《きが》温泉について朱印状を管理担当者宛に出した（『箱根温泉史』）。宮城野湯（木賀温泉）は北条氏の留守中は「留湯《とめゆ》」にするのが決まりだが、京都に用事で赴く家臣が出発前に五日間の湯治利用を願い出たのを許可したので承知しておくように、という内容だ。関係者以外の入浴を締め出すのが留湯で、北条氏は宮城野湯を専用の温泉場扱いして留湯にしていた。戦国大名が常時留湯にできた温泉場の湯つぼは、共同湯、惣湯とは相容れない性質のものである。

## 3　戦国大名による温泉地保護の禁制

### 箱根の温泉と北条氏の禁制

そもそも戦国時代は、北条氏の祖伊勢盛時《いせもりとき》（一般には北条早雲《そううん》として知られる）が伊豆国を攻略したのが幕開きとされる。次には関東へ進出して相模国の統治を進める中で、箱根の山の戦略的な重要性を認め、箱根の温泉場も北条氏の庇護を受けるようになった。

箱根湯本には、北条氏綱《うじつな》が京都の大徳寺《だいとくじ》住持の以天宗清《いてんそうせい》を招請し、父早雲の菩提寺《ぼだいじ》として早雲寺を建立した。以後、北条氏の《足洗湯》と称されるほど温泉地は発展する。宗祇が文亀二年（一五〇二）七月三十日、湯本に投宿した夜亡くなったことを、公家で歌人の三条西実隆《さんじょうにしさねたか》は歌日記『再昌草《さいしょうそう》』に「湯本の湯に入って、いざ上がろうとするときに、いささか具合が悪くなって亡くなられた」と記している。宗祇が入った湯つぼも惣湯と呼ばれ、浴槽を四つに仕切っていたことが、江戸時代の箱根案内書『七湯のしをり』に記されている。

北条氏は先祖伝来の所領や譜代家臣を持たないまま領国統治に及んだため、早くから検地や税制改革を実施。在地土豪・有力名主層への旧領安堵《あんど》や在郷被官化などを通じて、各村の自治体制を安堵するかたちで本百姓の掌握をはかった。したがって箱根の温泉場を抱えた村に対しても、宛先を「百姓中」や「惣百姓中」とした文書が多い。

たとえば底倉、堂ヶ島、宮ノ下の三つの温泉場を抱えた底倉村では、湯治に来た武士らが薪《まき》や炭、材木など湯治に必要な品物や仗《じょう》（武器）、もたい（水や酒を容れる甕《かめ》）などを勝手に申し付けるので、地下人《じげにん》（村人）が困っていた。これに対して天文十四年（一五四五）三月八日には北条長綱《ながつな》（早雲の子）が、また天正十三年（一五八五）にも北条氏が、「底倉百姓中」宛に禁制《きんぜい》を与え、北条氏の印判等がないかぎりは、申し付けられても一切応じる必要はないことを村人に保証している。重要な箱根の温泉場を領主として庇護し、湯治場の安寧を保つ姿勢を明確にしたのである。

## 柴田勝家による山中温泉への禁制

温泉地保護の禁制はほかにもある。永禄七年（一五六四）九月、室町幕府将軍足利義輝《あしかがよしてる》が有馬温泉に湯治に訪れたとき、「湯山」（有馬温泉）に「湯治する者たちは乱暴狼藉《ろうぜき》やけんか、山林竹木を勝手に採ってはならない」という禁制を出している（『有馬温泉史料』）。

加賀の山中温泉では、禁制を与えたのは柴田勝家《しばたかついえ》。織田信長の命により勝家は越前国の朝倉義景《あさくらよしかげ》を攻め滅ぼし、続いて隣国加賀の一向一揆勢力を根絶やしにせんと攻撃をかけていた。

山中温泉近くに築かれた黒谷《くろたに》城を攻略し、一揆勢力を退出させてもいた。その後信長は天下取りの思惑から、一向一揆勢力の後ろ盾である石山本願寺《いしやまほんがんじ》と天正八年（一五八〇）閏三月に講和。加賀国の返付を約束した。そのため勝家に停戦を命じていたことが背景にある。

柴田勝家が同年八月に「山中湯」、山中温泉に与えた禁制では、自らの軍勢に対して、「何人《なんぴと》も乱暴狼藉、奪い合い（陣取）、放火、竹木伐採をしてはならない」こと、「もし違犯《いはん》した者があったら、速やかに厳科に処す」ことを下知している。

禁制や制札を与えた所に、「ここでは何々をしてはならない」という禁じ事が拘束力を持つ。対象となる場所を明記、限定して、その中では圧倒的な軍事・支配力を持つ側が自軍の行動を規制するのが禁制の意義であった。

戦国大名は一般に、宗教的な聖域である寺社や、自治的な郷・村に対して禁制や制札を与えてきた。その中に「山中湯」と明示し、温泉地・湯治場にも与えたことが重要である。《隠し湯》にみるとおり、戦国大名も温泉場の意義を認め、平穏であってこそ将兵を含めて療養できることを理解していた。とくに山中温泉は蓮如上人も湯治に訪れた。本願寺との講和を背景に、柴田勝家の側にも山中温泉の安寧をより意識する気持ちがあったと思われる。

### 太閤秀吉による底倉の湯への禁制

全国統一をめざす豊臣秀吉に最後まで屈服しなかったのが北条氏である。天正十八年（一五九〇）、秀吉は大軍を動員し、小田原にせまる。秀吉の軍勢は各所の出城を制圧し、箱根の各村も占拠、略奪にあい、村人は山中に逃げた。底倉村も「関白様御打入りのとき、底倉の百姓どもは軍勢に追いちらされ候」（「旧底倉村藤屋勘右衛門所蔵古文書」）という大変な有様だった。

底倉の村人の生活は湯治場稼業を行なうことで成り立つ。このため底倉村の百姓代表で村長《むらおさ》の安藤隼人《あんどうはやと》らは箱根に陣取った徳川家康《とくがわいえやす》のもとにまず参じ、その紹介を得て、秀吉から同年四月付で三ヵ条の禁制を手に入れた。

「相模国そこくら」宛に与えたこの禁制の内容も、これまでの文言と共通して「軍勢は何人も乱暴狼藉、放火をしてはならない」ことを挙げており、さらに「地下人百姓に対して、道理に合わないあれこれを一切申し懸けてはならない」ことも加えて下知している。

禁制は村側の懇請によるものだった。このため底倉村は秀吉陣営から「関白様の御馬の飼料」調達を命じられた。戦乱の最中、村人は山中に逃散《ちょうさん》しており、調達に苦労したという。

禁制は戦国時代に多かったとはいえ、それが温泉場を特定して与えられたという歴史的な意義は大きい。そこに平穏・平和な癒しの場という温泉地の特性を見いだし得る。

図４－４　底倉温泉図（『七湯のしをり』）

このときは懇願されて与えたものだったが、その後も秀吉は直臣の片桐且元《かたぎりかつもと》の名で、底倉村に対して、「湯入りの宿をとって、無理に押入り、狼藉することはあってはならない。あくまで宿の亭主にことわって了解をとった上ならかまわない」という掟書を与えている。

小田原攻めのさなか、底倉村の蛇骨川《じゃこつがわ》渓谷崖から湧き出る温泉がたまってできた天然岩風呂で、将兵が湯浴みを楽しみ、秀吉も入湯したと伝わる。天然岩風呂は「太閤石風呂《いわぶろ》」の名を冠せられている。秀吉が実際に入湯したのであれば、戦時のつかの間の平和、癒しの場のありがたみを得心したことだろう。また、このあたりから秀吉と温泉の縁も強まっていく。

## 4　太閤秀吉と有馬の湯女

### 秀吉の湯山御殿と泉源改修

有馬温泉へは中世になっても都の貴族や文人らが足繁《あししげ》く訪れていた。鎌倉滞在中に熱海をたびたび訪れた義堂周信は京都に戻って後、康暦《こうりゃく》三年（一三八一）二月から三月にかけて湯山《ゆのやま》（有馬）を訪れている。室町後期の『湯山聯句鈔《とうざんれんくしょう》』のように、湯山に集った禅僧らは漢詩を連句で吟じ、湯浴みの合間の興として親交を深め合った。

八坂《やさか》神社の執行《しゅぎょう》・顕詮《けんせん》の『祇園《ぎおん》執行日記』（『有馬温泉史料』所収）応安四年（一三七一）九月二十二日と十月五日条には、有馬の主泉源地「元湯」の共同湯つぼを「一湯《いちのゆ》」と「二湯《にのゆ》」の二つにすでに分けていたことが見える。臨済宗の禅僧瑞渓周鳳《ずいけいしゅうほう》の『臥雲日件録《がうんにっけんろく》』（「温泉行記」とも）は宝徳《ほうとく》四年（一四五二）四月、湯つぼを南北二つに仕切った構造を説明している。湯つぼの石底の間から温泉が湧き、各湯つぼの広さは一〇人以上一緒に入浴できない程度であった。

中世に浴場内部の造りまでわかるのは有馬ならではのこと。天下人となる秀吉にとって、都の貴人の嗜好《しこう》にならうは常。温泉好きなら、なおさら訪れてみたかったはずである。

秀吉の最初の有馬行については諸説ある。水戸《みと》藩士出身の医師・加藤曳尾庵《かとうえいびあん》の『我衣《わがころも》』に「摂州有馬温泉……天正四年（一五七六）太閤秀吉公も入湯あり」とあるのは、時期尚早だろう。織田信長が安土《あづち》城に入ったこの年、有馬は享禄《きょうろく》元年（一五二八）に続く大火に見舞われ、荒れていた。続いて、柴田勝家を破って信長後の跡目争いに勝ち、大坂城の普請を始める直前の天正十一年（一五八三）八月十七日説。湯治見舞いを贈られたことに礼を述べたという（『有馬温泉史料』）。これが初めての有馬行と考えられる。次は、家康・織田信雄《のぶかつ》連合軍と尾張で対峙《たいじ》し、戦が膠着《こうちゃく》状態にあった時期に秀吉は大坂に戻り、有馬温泉に出かけたという天正十二年八月二日（『有馬温泉史料』）。第二回目にあたる。

その後の有馬行は相当回数に及ぶ。天正十三年（一五八五）や天正十八年には有馬で茶会も催している。秀吉の有馬行に注目される点が二つある。

一つは、秀吉が滞在用に湯山御殿を築いたこと。伏見《ふしみ》城が落成した文禄《ぶんろく》三年（一五九四）に最初の別荘（御殿）を建てた。しかし二年後、慶長《けいちょう》元年（一五九六）閏七月十三日に慶長大地震が起き、御殿も有馬の湯屋や民家も大破する。一湯・二湯とも湯屋の泉源湯つぼから湧く源泉は泉温が急上昇して熱湯となり、入浴も難しくなった。しかしこのとき現在の極楽《ごくらく》寺《じ》の境内から新湯が湧き出たので、これを利用した湯山御殿の移転・再興がはかられる。

慶長四年（一五九九）に有馬善福寺《ぜんぷくじ》の僧が著した『有馬縁起』（『有馬温泉史料』）によると、

前年の慶長三年正月に御殿が再興され、湯殿の整備に移る。出来次第秀吉は湯治に出向く予定だったという。しかしこの年八月に秀吉は亡くなり、それはかなわなかった。

徳川の時代に御殿は取り壊され、長く埋もれていたが、阪神大震災で一部崩れた極楽寺の庫裏《くり》建て替えに伴う発掘調査で伝承どおり遺跡が発見された。湯殿遺構が主体で、泉源から湧き出た温泉を一時貯める湯槽や引湯樋《いんとうとい》、岩風呂、蒸し風呂と充実した設備を整えていた。

もう一つは、秀吉が有馬の泉源と浴槽の改修工事を行なったこと。天正十三年(一五八五)にも改修を命じている。大地震後は奉行五人に命じて慶長二年(一五九七)六月から普請に取りかからせ、翌年三月完成した。『有馬縁起』によると、奉行らは過去の資料を調べ、泉源湯つぼを再整備して、再び適温状態で入浴できるようにした。抜本的な改修工事が江戸時代へと続く名湯の誉れを支えた。秀吉はこうして有馬の第三の復興者と讃えられている。

### 有馬での湯女の登場と役割

江戸前期の寛永《かんえい》三年(一六二六)に儒学者・小瀬甫庵《おぜほあん》がまとめた『太閤記』は、秀吉の有馬湯治の際、「有馬中へ鳥目《ちょうもく》(金銭)二百貫、湯女共《ゆなども》に五十貫くだされ……」(巻一六)と記している。別の折には「ゆな二〇人」に扶持米《ふちまい》を与えた。二〇人という数字は、有馬で坊と呼ばれる宿をこの頃二〇軒と定め、共同湯つぼでの入浴を一湯と二湯各一〇軒ずつ割り当てた。その各坊に若い「小湯女」と年配の「嫁家《かか》湯女（大湯女とも）」を各一名ずつ配したことによる。

有馬の「ゆな（湯女）」の役割は、浴場が元湯の共同湯つぼ一ヵ所しかないので、宿の客を案内して、手際よく入浴を済ませるよう采配をふるうことにあった。有馬を訪れた林羅山が元和七年（一六二一）に著した『摂州有間温湯記』には、浴場で長湯していると「婢《ひ》」が早く出るように叱《しか》りつけると記す。《湯女は仁西上人有馬再興伝承に登場する》ともいうが、伝承自体が鎌倉初期からあったとは言い難い。

図4－5　有馬節を舞う小湯女
（『滑稽有馬紀行』）

前出『臥雲日件録』も、宝徳四年（一四五二）四月七日から二十八日まで三廻り湯治した有馬での見聞を詳細に記した中に、仁西の話は一切出てこない。そもそも仁西上人再興伝承は、享禄元年（一五二八）の大火で温泉寺（薬師堂）が燃え、その再建勧進帳など再建への勧進集団のかかわりとともに広まったのではないか、という見方もあるのだ。

したがって中世末期に登場、流布される伝承より早く、先の役割を担う女性たちが有馬に登場していたと考えられる。藤原定家は元久《げんきゅう》二年（一二〇五）閏七月八日、一昨年も泊まった宿の「上人湯屋」に着くと、宿主夫人の尼がほかの尼も募って定家の入浴用に温泉を宿まで取り寄せてくれた、と『明月記』に記している。宿の女主人や手伝いの女性らが顧客のために湯浴みの便宜をはかり、客をもてなす姿がすでにかいま見える。

入浴采配の役割に加えて、接客面ではその後、「地元出身に限り、白衣紅袴《べにばかま》で身分の高い客の入浴前後休憩の折に座に侍り、碁を囲んだり琴をひき、和歌を詠み、今様を謡ったりして徒然《つれづれ》を慰めることを技とした女性」（『有馬温泉誌』）として現れる。その接客も上流の顧客相手から、江戸後期の大根土成《おおねつちなり》著『滑稽《こっけい》有馬紀行』が描くように一般客の座敷へも出向くようになり、この点で江戸前期の銭湯で流行《はや》った湯女《ゆな》風呂の湯女と勘違いされる。

湯女風呂については、慶長十九年（一六一四）頃に三浦浄心《みうらじょうしん》が書いた『慶長見聞集』に記述されるから、江戸初期には登場していた。そのあたりから湯女という言葉や存在に色気イメージが定着したが、そもそも湯女という言葉の由来については検討が必要である。

武田勝蔵《たけだかつぞう》は、「浴堂を管理する役僧がおり、これを湯維那《ゆいな》といい……この湯維那を略して湯那とも称した。後に湯女の語源にもなる」（『風呂と湯の話』）と述べ、『日本国語大辞典』なども踏襲している。たしかに、東寺《とうじ》に伝わる中世の古文書を集めた東寺百合文書《ひゃくごうもんじょ》には

「湯那」「湯那処」という言葉が見いだされる。鎌倉中期に経尊《きょうそん》が著した語源辞書『名語記《みょうごき》』には、問答形式で「湯をわかす人を『ユイナ』と名づけるのは、寺官の維那に由来するだろう」と説明している。「湯維那」が寺院の浴堂・温室にかかわる寺僧の役職名として使われたことを物語る。だが、湯維那やそれを略した湯那が直ちに「湯女の語源にもなる」かというと、なお検討の余地が残る。

南北朝期に成立した『太平記』には「湯屋風呂ノ女童部《おんなわらわべ》マデモ……」とある。京都に始まる町の銭湯で働く女性が現れ始めたことがうかがえる。ここには湯女という言葉は見えない。それが室町後期の十六世紀半ば頃成立した辞書『運歩色葉集』の「ゆ」項に湯女という用語が記載され、「ユチョ／ユヂョ」と読ませている。時期が江戸期に下る同書の伝本は「ユナ」と読ませているが、室町後期に湯屋関連で働く女性を湯女《ゆじょ》と呼んでいたことは、少なくとも寺院の湯維那や湯那から派生したとは考えにくい。

一方、室町時代の『政覚大僧正記《せいかくだいそうじょうき》』は、有馬滞在中の長享元年（一四八七）三月十三日に「湯名《ゆな》ノ女」に湯帷《ゆかたびら》を与えたと記す（『有馬温泉史料』）。この頃有馬では「ユナ」と呼ばれる女性が登場していた。反面、『大乗院寺社雑事記《だいじょういんじしゃぞうじき》』の永正二年（一五〇五）の記録には「一湯」の「維那」に一〇〇文を渡したとある。別の史料『蔭涼軒日録《いんりょうけんにちろく》』文正《ぶんしょう》元年（一四六六）には有馬の「小維那」の僧侶名がたびたび記され、『臥雲日件録』が記すように温泉寺は共同浴場の地主でもあった。有馬は温泉寺をはじめ寺院や僧尼・湯聖《ゆひじり》の影響が強い独特な温泉場で、一湯・二湯に分けた共同浴場の管理運営に僧らもかかわっていたと思われる。有馬では同じく入浴管理に携わる女性の呼称が、僧の役職名の影響を受けたことも想定できるかもしれない。

# 第五章　《徳川の平和》が広めた湯治旅と御殿湯
## ——江戸時代

### 1　徳川将軍御用達の熱海

#### 温泉地計画と土着する人たち

戦国の世の終わりは、領主を失った旧家臣や土豪・地侍らの土着を温泉地へも促した。江戸時代前後の代表的な事例が伊香保温泉である。伊香保温泉は、渋川《しぶかわ》の白井《しろい》城主白井長尾《ながお》氏の支配のもと、上杉氏から武田氏へ、最後は北条氏の勢力圏下へと転変があった。白井城主長尾輝景《てるかげ》が天正十四年（一五八六）に伊香保の土豪に与えた書状には、温泉管理の定めとともに将兵の療養目的に使うという側面がはっきり見られる（北条浩『温泉の法社会学』）。

木暮《こぐれ》氏、千明《ちぎら》氏、岸《きし》氏といった有力土豪一四氏は十六世紀末、伊香保への土着後、伊香保村の本百姓で名主層の「大屋《おおや》」となる。その優越的な立場をもとに、山手の泉源や榛名《はるな》山腹

図5－1　伊香保温泉の石段街

の傾斜地といった伊香保の地理的条件をふまえた温泉場の計画的な形成に乗り出した。

それは山手に湧き出る唯一の泉源から、傾斜を活かして源泉を流下させる湯道となる一本の大堰《おおぜき》をこしらえ、両側には一四氏が七氏ずつ屋敷・湯宿を構え、こ満口《まぐち》という寸法を定めた引湯口を設けて大堰から温泉を引湯するものだった。今日見る伊香保温泉の特色ある石段街の原型で、日本の温泉地最初の計画的な温泉街形成と高く評価される。

大屋層でも、大堰の上手で源泉が冷めにくく引湯しやすい、より有力な上組《かみぐみ》六氏と、その面で条件が悪い下組《しもぐみ》八氏に分かれ、泉温や配湯量をめぐる争いが絶えなかった、それでも大屋層以外は温泉を供給してもらえず、大屋に従属する門屋《かどや》層となった。火山の山腹で農業生産は厳しく、温泉稼業を生業にするしかなかった伊香保は、土豪支配を継承し、泉源地と別に引湯で新しく温泉場をつくったので、惣湯、共同湯は生まれなかった。

山中温泉では、柴田勝家を滅ぼした秀吉が天正十六年（一五八八）に江沼郡で刀狩りを実施。地侍・百姓を武装解除したため、温泉場に土着するようになった。《湯本十二舎》という数は伝承としても、湯本百姓として泉源と惣湯を管理し、惣湯広場を囲む宿を経営した。

惣村以来の乙名《おとな》衆を継ぐ彼ら湯本百姓が中心の「山中百姓中」宛に、加賀藩初代藩主の前《まえ》田利長《だとしなが》は慶長七年（一六〇二）十二月二十日付で「山中湯銭銀子《ゆせんぎんす》合七百目」、翌年五月二十二日には「合五百目」を請け取った領収書を渡している（『加賀藩史料』）。湯銭は税金で、入湯客が多数訪れて滞在し、繁盛する湯治場では結構の湯税を徴収できた。これは有力温泉地を抱える藩が財政・収入の面からも温泉場の重要性を認めることにつながっていく。

江戸時代の計画的温泉地づくりには、伊香保以外にも例が見られる。一つは信州の山田温《やまだ》泉（長野県高山村《たかやま》）である。松川渓谷の松川《まつかわ》湯と呼ばれた元湯から二キロ下流で開けた周辺三カ村の入会地《いりあいち》まで引湯工事を行ない、整然と区画割りした温泉街が寛政十年（一七九八）に完成した。温泉守護の薬師堂を建て、そこから延びた通りの両側四六カ所に屋敷地を区画割りして、三カ村に入居権を配分した（梨本家文書『引湯牛窪屋敷割之事《ひきゆうしくぼやしきわりのこと》』）。中央の温泉広場に二カ所の共同湯つぼを配し、うち「本湯つぼ」が現在の山田大湯である。

もう一つの例は、越後の赤倉《あかくら》温泉である。高田《たかだ》藩の支援を受け、文化十三年（一八一六）

に妙高山《みょうこうさん》の地獄谷の南北二カ所から数キロ引湯して、計画的に温泉地をつくった。

熱海は戦国時代、北条氏領国下で直轄されていた。温泉場だけでなく、港や宿場としても重要だったためである（『熱海温泉誌』）。北条氏は秀吉への対抗から家康と同盟を結ぶが、家康は秀吉に従い、天正十八年（一五九〇）の小田原攻めに加わった。その後、北条氏の領国は家康に与えられ、熱海も徳川氏が支配することになった。

## 徳川家康と熱海

文禄二年（一五九三）九月、当時関白の座にあった甥《おい》の豊臣秀次《ひでつぐ》が熱海湯治をした。当然、家康が采配しただろう。家康がいつ初めて熱海を訪れたか定かでないが、江戸時代に熱海の名主で本陣を営む今井半太夫《いまいはんだゆう》家に受け継がれてきた『熱海温泉由来記』は、慶長二年（一五九七）三月に家康主従が熱海を訪れ、とくに名を伏して逗留したと記録している。

関ヶ原《せきがはら》の勝利後、家康は慶長八年（一六〇三）二月に征夷大将軍に任ぜられ、江戸幕府を開いた。翌慶長九年三月朔日《ついたち》に京都に向かって江戸城を出発した家康は、九男の五郎太丸（初代尾張藩主義直《よしなお》）と十男の長福丸（初代紀州藩主頼宣《よりのぶ》）の二子を伴い、途中熱海に七日間逗留したことを幕府の公式記録『東照宮御実紀《とうしょうぐうごじっき》』は記す。家康は熱海の温泉と効果を大いに認めた。同年七月、江戸前期頃まで本湯と記されていた熱海の主泉源の大湯から五樽《たる》を汲湯《くみゆ》させ、熱海の湯を求めていた病気がちな周防岩国《すおういわくに》の大名吉川広家《きっかわひろいえ》がいた大坂まで届けさせている。大名慰撫《いぶ》にも家康は熱海の湯を活用し、まわりの要人にも熱海湯治を勧めた。神君《しんくん》と崇められる家康の熱海への愛顧は、歴代将軍に引き継がれる。三代将軍家光《いえみつ》は熱海での湯治滞在を真剣に望み、将軍護衛役と豆州代官の二名が奉行となって、寛永元年（一六二四）に熱海に御殿を造営した。御殿は寛永十六年に改築されたが、結局家光自身の訪問はかなわず、家光の愛妾品川御前《しながわごぜん》が熱海を訪れたことが、名主今井家の記録『熱海名主代々手《て》控抜書《びかえぬきがき》』に残されている。

家康の汲湯の配送例にちなみ、熱海に行けない将軍に代わって、江戸城まで熱海の源泉を桶に汲んで送る「御汲湯《おくみゆ》」が始まる。有馬温泉の汲湯・宅配に続き、鎌倉時代に熱海でも船による温泉輸送があったらしいことを前に述べたが、御汲湯は定例行事となっていく。

## 将軍への御汲湯と湯樽販売

今井家の記録から、御汲湯は四代将軍家綱《いえつな》の時、寛文年間（一六六一～七三）の早い時期に始まったと見られる。寛文二年（一六六二）十一月に御汲湯御用で駿府《すんぷ》城代松平重信《しげのぶ》をはじめ奉行ら三名が熱海に泊まったという宿帳の記録がある。地元で御用を勤めるのは、熱海で大湯の源泉を筧で引湯して内湯を備え、大湯を囲む湯宿「湯戸《ゆこ》」の主人に限られていた。

徳川将軍家略系図（数字は将軍職就任順を示す）

家康[1]─秀忠[2]─家光[3]─家綱[4]
　　　　　　　　　家光─綱重─家宣[6]─家継[7]
　　　　　　　　　家光─綱吉[5]
家康─頼宣─光貞─吉宗[8]─家重[9]─家治[10]

それゆえ湯戸は見返りに特権的な地位を得た。湯戸の基本数は二七軒で、「湯株」と呼ばれる大湯の独占的な引湯利用権と名字帯刀を許されていた。

幕府の役人・奉行の指示のもと、御汲湯には厳格な作法があった。紋付《もんつき》・袴を着用し、覆面をした主人らが長柄杓《ながびしゃく》で大湯の源泉を汲み、新しいヒノキの樽に入れると、湯樽はただちに封をする。その湯樽を頑強で清潔な身なりの人夫たちが助郷《すけごう》制度を利用して、昼夜通してリレー形式で江戸まで運んだ。江戸橋にまず運ばれ、そこから別の人足によって江戸城内の倉庫にあたる所へ納めた（『熱海温泉誌』）。

御汲湯は八代将軍吉宗《よしむね》のとき、享保《きょうほう》十一年（一七二六）から九年間に三六四三樽も運ばれた（『熱海市史』）。最初は陸送で、後に熱海の隣の網代《あじろ》から海上輸送に切り替わる。病弱だった十代将軍家治《いえはる》も所望し、天明四年（一七八四）から翌年にかけて二二九樽の湯が江戸城まで運ばれた。将軍家への温泉の献上は、草津や箱根の各温泉地からも行なわれている。

御汲湯のおかげで熱海の湯は将軍御用達ブランドとなり、江戸の人々に熱海の汲湯を求める需要を生み出した。熱海の湯樽は江戸で湯を小売りする店や湯屋・銭湯で「薬湯」（喜多《きた》川守貞《がわもりさだ》『近世風俗志』）として提供する目玉品となり、湯戸にとってもビジネスとなった。山東京山の『熱海温泉図彙』によると、湯を詰める酒樽は酒のにおいを消すため温泉に三〇日間ほど浸しておいてから、汲みたての湯を詰めていたという。

湯樽の販売は、熱海のほかにも箱根や湯河原、伊豆の伊東《いとう》温泉の湯などを扱う店も江戸後期には増えた。温泉地になかなか行けない江戸っ子も、輸送されてきた各地の温泉を湯屋で薬湯や「〇〇の湯」の名で湯銭を追加してつかのまの湯治気分を味わったのだ。

### 大名らの熱海湯治

家康が推奨し、将軍御用達となった熱海は、参勤交代で行き来する東海道からそう離れておらず、大名が江戸詰めの屋敷を構える江戸に近い。幕府直轄領で大名の逗留も比較的自由なので、大名らは湯治願いを出し、こぞって熱海へ赴いた。常に大名の動静を監視・警戒していた幕府も、神君に始まる将軍家が温泉湯治願望を持つとあれば、大名・奥方・幕臣の湯治願いにはきわめて寛容だった。これが江戸の湯治・温泉文化を華開かせた。

大名は本陣に泊まる。熱海には今井半太夫家と渡辺彦左衛門《わたなべひこざえもん》家の二つの本陣宿があった。一部残る今井家宿帳から江戸前期に逗留した主な大名を挙げると、小倉《こくら》藩主細川忠利《ほそかわただとし》、薩摩《さつま》藩主島津光久《しまづみつひさ》、水戸藩主徳川頼房《よりふさ》、対馬《つしま》藩主宗《そう》家、老中松平信綱《のぶつな》、仙台藩主伊達忠宗《だてただむね》、南部《なんぶ》藩主南部重直《しげなお》、加賀藩主前田綱紀《つなのり》、弘前《ひろさき》藩主津軽信義《つがるのぶよし》と、今井家本陣だけでも八〇名を超える（『熱海市史』）。これに奥方や幕臣が加わるから、数知れないほどになる。

湯治が許可されるまでの段取りを『熱海市史』にみると、大名筆頭格の加賀藩主前田綱紀の場合、かねてから養生のため熱海湯治を幕府に出願していた。万治《まんじ》二年（一六五九）二月六日夜、将軍家綱の上使がわざわざ江戸の加賀藩邸に来て「暇《いとま》を許可する」と伝える。翌七日に今度は綱紀自身が江戸城に登城して謝意を表した。そして八日に出発した。

元禄十二年（一六九九）の、水戸徳川家の分家でもある常陸額田《ぬかだ》藩主松平頼貞《よりさだ》の例では、藩主頼貞から湯治に随行する家臣に支度金が支給されたのが二月十五日。現地の準備に小《こ》姓頭《しょうがしら》が途中の根府川《ねぶかわ》関所の手形を受け取ったのが二十五日。二十七日に藩主自身が老中阿《あ》部《べ》正武《まさたけ》のところに出向いて、かねてから熱海湯治を希望していた旨の出願書を提出した。二十九日には老中の用人から家臣が呼び出され、許可の書付を受け取る。そのとき阿部正武は、「時節もよく、一段と養生になろうものの、熱海の湯が相応ならばまことに結構であるが、もしそうでなければ、勝手に近所の温泉を選んでください」と述べている。頼貞は早速、決裁にかかわった老中一同ほかにお礼参りし、本家にもあいさつ。江戸を留守にする際の当番役や江戸城勤務の免除願いも怠りなく出している。大名湯治にはここまで段取りが必要だった。

大名湯治の内実が透けてみえる話もある。先の加賀藩主前田綱紀は養生を目的に挙げていたが、熱海旅の最初の目的地は途中の相模国にあった前田家の鷹場《たかば》で、一週間以上勇壮な鷹狩りを繰り広げ、大磯《おおいそ》では浜で網漁もやらせている。着いた熱海でも、山でイノシシ狩りを行なった。病気療養ではなく、気分発散の養生、湯治旅である。

熱海の湯戸を代表する両本陣側も大名らを迎え入れる用意ができていた。『熱海温泉誌』によると、一つは熱海を特徴づける初島《はつしま》が浮かぶ海への眺望であり、建物自体も眺望を意識していた。今井家本陣の一碧楼《いっぺきろう》、渡辺家本陣の一色亭《いっしきてい》という、さらに眺望の良い離れの楼亭も築いていた。熱海の重要な生業である漁も、大名や裕福な湯治客の滞在中の見物対象、娯楽となった。間欠泉の大湯見物とともに、浜で網を引く鯛網《たいあみ》見物は重要な観光資源でもあった。

## 2　藩主が愛する御殿湯

### 地元の名湯に目を向ける藩主

江戸詰めの大名は湯治願いを出す必要があり、自藩内の温泉地・湯治場に行ければそれに越したことはない。そこで各藩主はあらためて自藩内の温泉地に目を向けるようになる。

藩主の自藩内温泉地へのかかわりの一つは、時折湯治に出かけること。二つ目は、温泉地から湯税・温泉運上金を受け取る代わりに湯舎の整備費を負担したり、藩が建て替えたりすること。三つ目は、自ら温泉地を御殿湯として、藩主専用の屋敷や湯殿を持つことである。

湯田中渋温泉郷は松代藩《まつしろはん》に属し、江戸前期に上田藩から移った真田家が幕末まで藩主を務めた。真田家三代藩主幸道《ゆきみち》は延宝《えんぽう》四年（一六七六）、母君を伴い、初めて湯治に訪れた。母君は二年後にも訪れ、よほど気に入ったらしく、延宝九年には温泉を湯樽に詰めて一日置きに松代城まで運ぶように命じた。松代まで八里（三二キロ）。それを一回に六樽の湯を三頭の馬の背に乗せて一日置きに運ぶが、運送責任も地元の佐野村《さの》が負った。佐野村惣百姓が松代の奉行所に訴え出た文書に、「殿様湯治の御用……お袋様湯治の節の諸御用、御湯樽三駄宛……」（『湯田中のあゆみ』）と書かれており、地元にとって難儀だったことが想像できる。

七代藩主幸専《ゆきたか》の寛政十二年（一八〇〇）四月には、藩境見回りを兼ねて一行六二〇名もが温泉郷に分宿した。幸専は文政《ぶんせい》二年（一八一九）四月にも一行二四〇名ほどで湯治している。城下の藩士が大勢訪れるのは温泉場の宣伝になった。滞在中の費用を代官所に請求した明細書も保存され、温泉場も潤ったと言える。ただ、準備のため宿や湯つぼを修繕しており、その費用も計上できたかどうか。気疲れと苦労は大いにあった。

島原《しまばら》半島の小浜《おばま》温泉は摂氏一〇〇度を超す食塩泉で、体がほてってしまう。海際に湧いて

図5－2　武雄温泉「殿様湯」

いたため利用が難しかったが、慶長年間（一五九六～一六一五）に湯小屋ができた。キリシタン大名有馬《ありま》氏の移封後元和二年（一六一六）に松倉重政《まつくらしげまさ》が入部。島原城を築いて初代島原藩主になると、小浜温泉にたびたび湯治に訪れたので、湯つぼを「殿様湯」と呼んだ。領民に築城のノルマや重税を課し、雲仙地獄でキリシタンを拷問するなど苛政をしいたが、寛永七年（一六三〇）に小浜入浴中に急死した。苛政《かせい》で血圧高めだったかもしれない。島原の乱が起きるのは七年後のことだ。

第二のパターンは、上山《かみのやま》温泉（山形県）が例となる。上山藩主の城下町が温泉町で、温泉場の繁盛は城下町の繁栄と湯税収入の増大に直結する。そのため藩は浴場の新設や温泉場振興策に乗り気だった。長禄《ちょうろく》年中（一四五七～六〇）発見と伝わる「鶴脛《つるはぎ》の湯」一帯が湯町で、上の湯と下の湯の共同湯つぼができていた。寛永元年（一六二四）に藩主松平重忠《しげただ》は、湯町の下の湯を町民に下げ渡し、羽州街道に近い場所まで引湯して町民用に共同湯つぼ（現在の下大湯《しもおおゆ》）を開き、湯守《ゆもり》を任命した。代わりに湯町の上の湯を士族の浴場とした(『下大湯由来記』)。

上山温泉は泉源、湯量も豊富なおかげか、その後も藩主は城下町各所に新しい湯つぼを開設している。今日の上山温泉の数多い共同浴場の原点である。一方、元文二年(一七三七)には湯屋・旅籠屋《はたごや》二八名から、「近年旅人も少ないので、湯本繁栄のために有力宿に飯盛女《めしもりおんな》を抱えたい」と請願され、許可している。羽州街道の宿場町でもあり、私娼《ししょう》による色気作戦で誘客につなげ、「湯銭をとるので運上金も増えます」という話に藩も乗ったものだ。

## 殿様湯や御茶屋を設ける藩主

第三のパターンを見よう。天保十四年(一八四三)に薩摩藩が作った地誌『三国名勝図会《さんごくめいしょうずえ》』によると、霧島《きりしま》では硫黄谷《いおうだに》温泉と並ぶ栄之尾《えのお》温泉が藩御用達の湯治場で、浴池と行館を設けていた。指宿《いぶすき》では藩主島津斉興《なりおき》が訪れたとき、水田地帯に湧く二月田《にがつでん》温泉の奇効を気に入り、翌文政十一年(一八二八)五月に浴池と「行亭《かりや》」を築いている。

島津藩と同じ菱形《ひしがた》模様デザインを組み込んだ殿様湯は、鍋島《なべしま》藩主の湯殿として柄崎《つかさき》(武雄)温泉にも残され、利用されている。後にシーボルトらが入浴し、感激した。仙台藩主も東鳴子《ひがしなるこ》温泉や青根《あおね》温泉に藩主専用湯つぼを設け、青根温泉は伊達政宗《まさむね》以来の御殿湯だった。三〇人ほどの石工が二年がかりで組み上げたという石風呂は見事で、以前は「大湯」と呼ばれた共同湯も兼ねていた。青根温泉の湯守は藩内の湯税徴収も一括管理していたという。

因幡と伯耆《ほうき》二国（鳥取県）は、江戸時代を通じて三二万石の池田《いけだ》家鳥取《とっとり》藩が治め、温泉場も藩が直轄した。因幡には岩井温泉がある。鳥取藩は岩井温泉と吉岡《よしおか》（鳥取市）、勝見《かちみ》（現在の浜村温泉郷）の三温泉地に藩主が利用する「御茶屋」を常設し、専用の湯つぼも設けた。

岩井温泉に御茶屋を設けたのは初代藩主池田光仲《みつなか》で、湯庄屋《ゆしょうや》を置いた。湯舎も藩が建て直し、温泉集落の体裁も整う。御湯神社を移転・再興したのも光仲の時代とされる。岩井温泉も鎌倉末期の戦乱で、「湯池も廃され叢下《そうか》に埋まって数百年経つ」廃れた状況が続いた後、藩主池田光仲が湯池を再興して温泉地が復興したことを鳥取藩侍医の安部《あべ》惟親《これちか》（安陪恭庵《きょうあん》）が寛政七年（一七九五）に著した地誌『因幡志』は記している。そのとき藩主だけが温泉を独り満喫したわけではなく、藩士用湯つぼや庶民が入浴できる湯小屋も新築した。

吉岡温泉では鹿野《しかの》城主亀井《かめい》茲矩《これのり》の治世に新たに温泉を掘り、亀井殿湯と呼ばれた城主専用浴場をつくった。亀井氏の津和野《つわの》転封後、鳥取藩主の池田光仲が亀井殿湯を修造し、近くに藩主専用の「一の湯」、東側に同じく専用の留湯「二の湯」をつくった（『資料にみる吉岡の温泉』）。今も御茶屋と亀井殿湯・一の湯跡が残されている。

勝見温泉に温泉守護の薬師堂ができたのは永禄年間（一五五八～七〇）とされ、浴場もあった（『新修気高《けたか》町誌』）。その薬師堂下の泉源地に御茶屋をつくり、藩主専用の一の湯、御用人以下が入れる二の湯、二の湯から引湯した「入込湯《いりごみゆ》」、三の湯と湯つぼを設けた。
この入込湯は、江戸の銭湯に多い混浴の男女入込湯ではなく、多くの人を区別なく入浴させる浴場も言う。鳥取藩の入込湯も男女別に分けており、岩井温泉の湯庄屋が元禄九年（一六九六）に入込湯に掲げた「定」にも「女湯に男が入ることを固く禁ずる」とあった（『岩美町誌』）。一の湯と二の湯は、藩主一族が利用しないときは武士、町医者、僧侶身分まで入浴できたという。このように西日本の温泉地は、浴場の身分区分が東日本と比べて強い傾向がある。

以上の三温泉地には制札場を設け、湯治場の安寧をはかる条項を並べた禁制を掲げた。享保七年（一七二二）五月一日付の勝見温泉の禁制は、留湯に庶民は入浴してはいけないこと、他国から湯治にやって来た者に地元の者は無礼をはたらいてはいけないことなどを示していた。

勝見温泉の三の湯は十七世紀半ばに新しく掘って湧いた湯つぼで、武士身分以上が利用する貸切の鍵湯《かぎゆ》だった。貸切湯のはしりで、これも西日本の温泉地に多い。鍵湯では隣国の美《みま》作《さか》（岡山県）を治めた津山《つやま》藩主が御殿湯とし、専用の湯殿を設けた奥津《おくつ》温泉が知られる。ただ、津山藩の命で元禄四年（一六九一）に作成された地誌『作陽誌《さくようし》』には、奥津温泉を紹介する中に鍵湯は載っておらず、藩政期から鍵湯と呼ばれたのか定かではない。

## 弘前藩主が御仮屋を置いた大鰐温泉

第三のパターンで、藩主が御殿湯にしたことが繁栄を導いた例が大鰐《おおわに》温泉（青森県）である。羽州街道に沿う平川《ひらかわ》両岸の蔵館《くらだて》・大鰐地区にまたがって温泉が古くから湧いていたが、寒村のままだった。その泉源地に三代弘前藩主津軽信義は慶安《けいあん》元年（一六四八）八月、御仮《おかり》屋《や》（仮住まいの屋形）を建てた。正月の家臣へのお目見えも大鰐の御仮屋で行なうほどだった（『大鰐町史』）。

藩主が長期滞在するので、藩士の陣屋ができ、人の逗留・行き来も多く、にぎわいを見せていく。三代藩主の側室で四代の生母久祥院《きゅうしょういん》が御仮屋住まいし、四代藩主信政もよく逗留した。弘前《ひろさき》城から参勤交代の途中にあたり、歴代藩主の大鰐湯治は二七回を数えるという。

注目されるのは、御仮屋用に温泉熱を活かして米や野菜を促成栽培する御菜園を開いたことだ。今日の大鰐名物の温泉豆もやしの始まりである。大鰐の宿は、御仮屋と湯元を共有していた御仮屋守の加賀助《かがすけ》の湯宿以外に増えるが、藩主逗留中は供の藩士が泊まる加賀助の湯宿以外を用心のため封印した。そこで、「田畠《たはた》稼業でなく湯稼業に専念しているので封印中の補償をしてほしい」と地元が申し出て、休業補償をするようになった。

幕府に大名が出すように、大鰐・蔵館温泉湯治を望む藩士や僧侶は、幕府に大名が出すように、藩へ湯治願いを出す。それが一三〇〇件以上も藩日記に記されている。本人のみならず妻や父母、子供の同行も同じで、《誰が、何のために、いつから、どこへ、何日、誰を同道させるか》を明らかにして許可をとらなければならなかった。基本は湯治二廻りの二週間に往復の二日を入れた「往還十六日」願いである。大鰐と蔵館全体の宿（湯小屋）は合計三八軒。湯つぼは庶民と共用なので、妻同伴の際や重臣らはのれんの幕を張る幕湯を望んだという。

大鰐温泉は藩主御用達で、養生と湯治の場とされたので、遊女を置くこと入れることを固く禁じた。家老の湯治日記によると、酒盛りはよいが、宴会での歌、管弦、太鼓など鳴り物は自粛。推奨された娯楽は俳諧、囲碁、将棋、楊弓《ようきゅう》（楊《やなぎ》製の小弓を用いて的を当てる遊び）、花火という真面目ぶりである。

## 3　温泉ブランド「箱根七湯」の確立

### 塔之沢温泉誕生でそろう七湯

熱海の隆盛に対し、同じく江戸から近い箱根も負けていない。箱根の温泉は一部箱根権現領を除けば、小田原藩に属していた。その中で江戸前期に新しく誕生した温泉地が、早川渓谷沿いに湯本と隣接する塔之沢《とうのさわ》温泉である。塔之沢に阿弥陀寺を開山した弾誓《たんぜい》上人が《慶長十年（一六〇五）に最初の泉源を見つけた》という説など、開湯には諸説ある。

東の沢とも記した塔之沢温泉は、湯本以上に泉源と高温泉が豊かなことから注目され、湯宿が立ち並ぶようになる。医師で狂歌師の藤本由己《ふじもとゆうこ》著『塔沢紀行』は元禄七年（一六九四）に「元湯、一（の）湯、せとの湯、大滝（の湯）、小滝（の湯）、内湯など云って湯つぼ十二、三もあり……」と、塔之沢の湯つぼの豊富さを述べている。

箱根湯本は江戸時代を通じて泉源は「元泉」一ヵ所しかなかった。これに対して、塔之沢では自家泉源を持つ湯宿と、複数の旅籠屋共同の浴場の両方あり、こちらは入浴休憩できた。元禄十三年（一七〇〇）に塔之沢の湯宿主福住《ふくずみ》十左衛門が刊行した『塔澤温泉根本記』に、こうした旅籠屋は「家造り通り表の町構え、店先にて小間物を売る。裏座敷が開放され、往来より自由に湯入りができる」というから、今の日帰り温泉そのものである。

塔之沢誕生で、湯本、底倉、堂ヶ島、宮ノ下、木賀、芦之湯と合わせて箱根七湯《ななゆ》がそろった。中世から知られた姥子の湯がなぜ入っていないのか。理由は三つ考えられる。

第一は、姥子の湯を管理してきた箱根権現領内の元箱根村と姥子の湯を村民が利用してきた小田原藩領仙石原村との村境争いが起き、享保十六年（一七三一）七月の幕府裁許の結果、

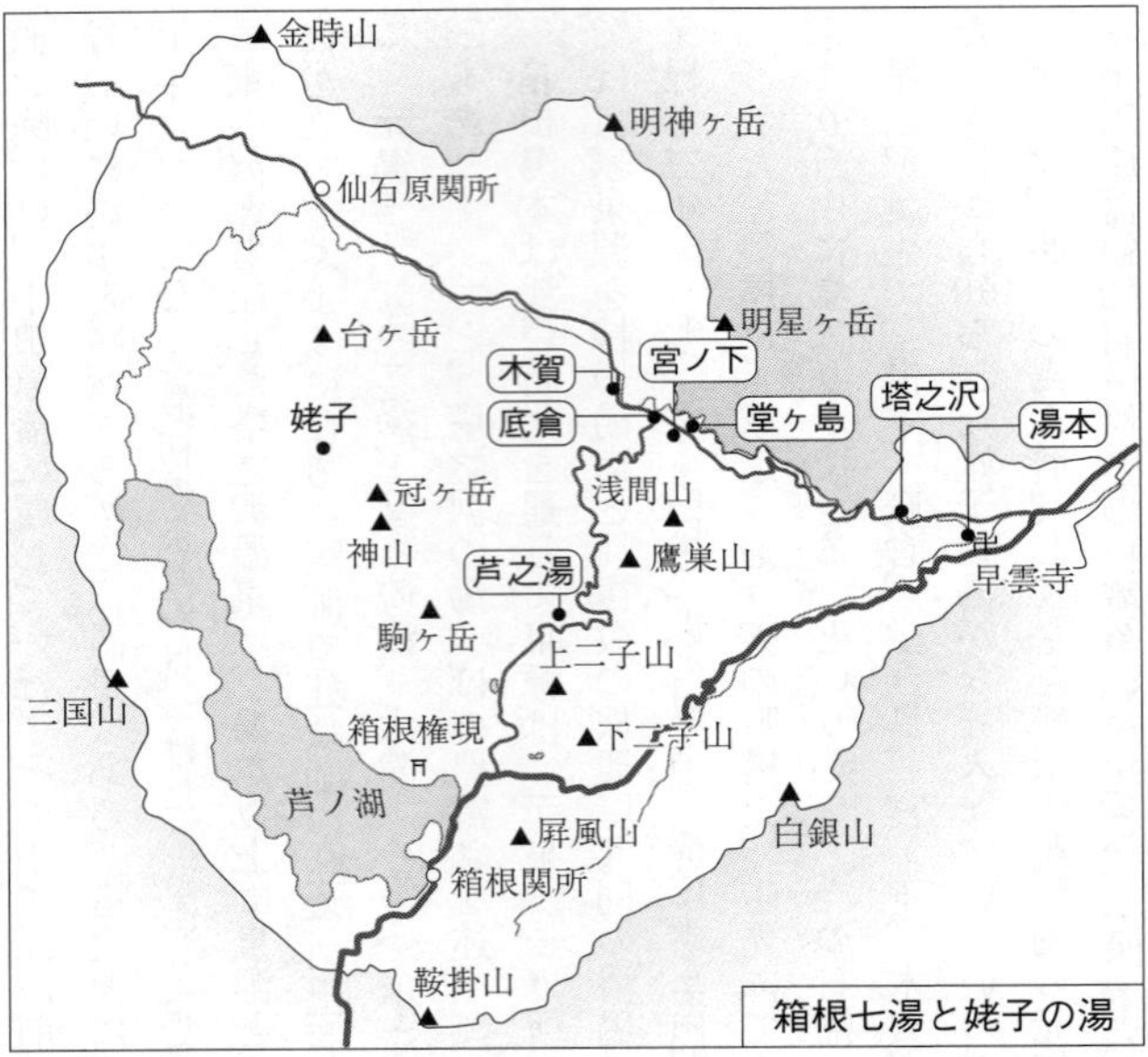

箱根七湯と姥子の湯

姥子の湯は箱根権現領内に留め置かれたこと。第二は、箱根と仙石原両関所に近く、禁じられた通路が多く、往来が不便だったこと。第三に、春になると湧出し、冬は出なくなるという温泉の制約があったこと。そもそも七はきりのいい数字で、七湯が望ましかった。

箱根七湯も将軍家へ温泉を献上した。稲葉氏の小田原藩主時代の記録『永代日記』では、正保《しょうほう》元年（一六四四）に三代将軍家光に木賀の湯を湯樽で送ったのが始まりという。三代家光へは木賀と湯本から、四代家綱へは宮ノ下から、五代綱吉《つなよし》へは木賀と塔之沢から献上した（『箱根温泉史』）。箱根の急坂を下る際に樽の封印が切れないように運ぶのが大変だった。

箱根七湯を江戸の町民にも身近にしたきっかけは、江戸後期に「一夜湯治」が道中奉行から認められたことが大きい。湯治は七日一廻りが単位なので、ゆとりある裕福な町人でないと難しかった。それが寺社や霊山詣での大山講《おおやまこう》、富士講、伊勢講による集団旅行の行き帰り、宿場でもある箱根湯本に「一夜湯治」と称して泊まる客が増えた。客をとられたと怒る小田原宿の中止申し入れがあったが、結局湯本宿側の要請が認められたのである。

現代とつながる一夜湯治は、温泉地が療養の場から行楽・慰安の場へシフトするきっかけになった。湯本だけでなく七湯の温泉地も講集団による一夜湯治が盛んになっていく。その中で箱根七湯の湯宿が天保十四年（一八四三）に営業協定を結んだ。「駕籠《かご》人足に酒食を接待して自分の宿に客を引き込むこと、茶屋・旅籠屋に付け届けして客を紹介してもらうこと、旅籠同様の安い料金で客を宿泊させること」を禁じ合い、違反した場合は五〇日間の営業停止という罰則を連判で定めている。一夜湯治の隆盛は安易な客引き競争をもたらした。そこで七湯全体で健全な湯宿営業を守ろうとしたのである（『箱根温泉史』）。

## 温泉紀行と『七湯のしをり』

箱根七湯が温泉ブランドとして定着したのには、文人らによる温泉紀行文、鳥居清長《とりいきよなが》、歌川広重《うたがわひろしげ》を筆頭とする七湯を描いた浮世絵、湯本「福住」をはじめ各湯宿が刊行した箱根温泉図などが貢献した。なかでも圧巻は、文章と図版・絵入で七湯の案内書として文化八年（一八一一）に刊行された文聰《ぶんそう》・弄花《ろうか》著『七湯のしをり』である。

箱根七湯の紀行文の数としては、箱根町立郷土資料館が平成九年（一九九七）に「湯治の道」企画展をした際の『関係資料調査報告書』は二二冊ほど挙げている。実際はそれ以上だろう。江戸の紀行文学研究者の板坂耀子《いたさかようこ》は、最も温泉紀行文が多かった熱海で三〇冊を一覧に挙げており（『熱海温泉誌』）、箱根七湯は有馬温泉とともにそれに次ぐ数と思われる。

箱根の紀行文で特徴的なのは、一ヵ所の温泉紀行と七湯めぐりを紀行文にした両方が含まれることだ。療養を主目的としない温泉行がいきわたり、名所旧跡めぐりを兼ねて温泉地をめぐり、見聞を広め、由来や先人の紀行文を追体験する旅が文人らに好まれたのだ。

『七湯のしをり』全一〇巻は江戸の温泉案内書の白眉《はくび》とされる。七湯の各温泉場が丁寧に描かれた全景から、宿や共同湯の配置がわかる景観図、湯つぼの絵図までビジュアルに見てとれる。本文は各温泉地の湯宿、内湯の有無、ときに湯つぼの数、入浴法と効能、発祥由来と名所旧跡案内など細部にわたり、絵図の解説を付けている。

図5－3　底倉温泉での痔疾治療図（『七湯のしをり』）

また、箱根にも「惣湯」と呼ばれた共同湯があったことも記す。惣湯があったのは湯本、宮ノ下、底倉の三ヵ所。ただし、ほかの資料から塔之沢、堂ヶ島、木賀、芦之湯の四ヵ所にも、要するに七湯すべてにあったことがわかっている。

『七湯のしをり』の絵図は、当時の湯つぼの様子や温泉利用法を知るうえでも興味深い。

底倉温泉は痔疾《じしつ》を高温の弱食塩泉の湯気で蒸す、局所蒸気浴が効くことで知られた。浴室の一角に痔疾を患う局所を湯気で蒸す穴をうがち、穴を開けた腰掛けをその上に置いて座り、患部をあてる。湯浴みして十分体を温めてからのほうがもっと効くという。湯宿の中には、穴を二つ開けてどちらか蓋《ふた》をすることで、湯気の強弱を調整できるようにした戸棚風呂もあった。さらに底倉には痔疾をお灸《きゅう》で治す名医がいて、施術法や食事療法を湯宿の主人に伝授した。この絵図もリアルで、必死さが伝わってくる（図5―3）。ブランドになったとはいえ、箱根七湯もその基本はやはり湯治場であったことを思い知らされる。

## 4　温泉医学・化学が導く効能

### 養生と温泉への心得

日本は温泉の効用も中国の文献を参考にしてきた。十六世紀末の明《みん》朝、本草学者《ほんぞうがくしゃ》で医師の李時珍《りじちん》が膨大な『本草綱目《ほんぞうこうもく》』を著すと、温泉医学にも影響を及ぼした。もっとも、『本草綱目』は薬物学主体で、温泉についての記述は限られる。「水部」の「温湯、釈名温泉」では、成分のうちとくに硫黄と、特色が顕著な塩分や鉄分に焦点をあて、人体への作用に言及している。その分、硫黄などを含まない温泉は評価の対象からはずれがちだった。

福岡黒田《くろだ》藩の藩医でもあった貝原益軒《かいばらえきけん》が晩年八十四歳の正徳三年（一七一三）に著した『養生訓《ようじょうくん》』は、「洗浴」の項で温泉の注意事項や効能について述べている。「熱い湯に入浴するのは害がある」と指摘するのは、近年大いに注意を促されていることでもある。蒸し風呂形式から銭湯が始まったこともあり、とかく熱すぎるのが問題だった。温泉入浴には「宜《よろ》しき症とあしき症、よくもわるくもない症の三つあるから、よく選んで入りなさい」と忠告する。温泉湯治では、打ち身や「外症（外傷）」と皮膚の病、中風を最も推奨する。温熱効果を認め、体を温め、気のめぐりを良くすることで改善される症状にもふれている。「湯治は一切の病によしと思うのは大きな誤りだ」と指摘するのも、当時の人々には耳が痛かったかもしれない。

温泉入浴の回数や頻度も、「一日に三度以上はやめなさい」「しょっちゅう入浴してはいけない」「体がゆだりすぎるのもよろしくない」と注意を促す。湯治場での食事や過ごし方にも目配りし、体を動かし歩行することを勧めている。大酒大食と「房事《ぼうじ》（性交）」を戒めているが、後者は江戸時代に湯治中の一般的な禁忌事項となっていた。

貝原益軒はこの少し前に『有馬湯山道記《ありまゆのやまみちのき》』を著し、病症による湯治の良し悪しや適切な入浴法を指南した。同書を受けて、備前岡山《びぜんおかやま》藩の河合章尭《かわいあきたか》は正徳六年（一七一六）に『有馬湯山道記拾遺』を書き、湯治の心得を説く。その中で有馬では、「湯女が酒宴の席に臨んでも、客と通じる（個人的に付き合う）事は固く戒められている」から、心を動かさず、療養を考えて飲食にもよく注意しなさい、と指南する。印象的なのは次の一文である。
「養生をおろそかにすべからず、ただ温泉を君のごとく神のごとく敬い慈しみ、これに仕えて温泉の心に叶《かな》いて病を除くの術を思うべし。湯入りの間、心体を不潔にして温泉の心に背くべからず」

湯の神への信仰にもつながる、湯治に対する心構えをあますところなく伝えていよう。

香川修徳の『一本堂薬選続編』「温泉」

温泉の効能を医学的に説いた先覚者は、江戸中期の医師後藤艮山《ごとうこんざん》とされる。医者は頭を丸めて僧衣を着るものとされたが、艮山はそうしなかった。漢方の古方派に属すも実証を重んじ、病気を治すのに灸と熊《くま》の胆《い》を重視したので「湯熊灸庵《ゆのくまきゅうあん》」と称された。

艮山も温泉の効能、適応症を絞って説く。温泉の成因は李時珍の『本草綱目』の影響色濃く、その観点から城崎温泉の新湯を推奨した。艮山の数多い弟子では香川修徳《かがわしゅうとく》の名を挙げなければならない。修徳は元文三年（一七三八）に著した『一本堂薬選続編《いっぽんどうやくせん》』の冒頭、「温泉」編を執筆し、温泉医学だけでなくその後温泉指南書としても大きな影響を与えた。

「温泉」編は、温泉の効能と選択、入浴の応験や回数、方法、入浴時の禁忌に加え、人工の湯滝を造る方法、温泉の正しい認識、日本と中国の温泉考察の九事項で構成される。効能では、「心気を助長し、体を温め、古い血を除き、血のめぐりを良くし、肌のきめを開き、関節をなめらかにし」と全身への影響と、「手足のしびれやひきつけなど諸々痛みをとり、痔・脱肛《だっこう》を治し、皮膚病や婦人の腰冷えやこしけ」など局部的な疾患への卓効まで段階的に説いている。

温泉の選択では師の艮山を受け継ぎ、「鹽《しお》が過ぎて苦さ」のある有馬のような温泉は「良くなく」、「淡い鹽湯」の城崎温泉の新湯のような弱食塩泉を推した。酸味や渋いもの、鉄分のせいで色が黄赤色に染まったり、暗く濁り、清らかでない湯は悪く、「淡い湯で、味も甘く淡い」ものが良し、とした。泉質でいうと、弱食塩泉に加えて単純温泉に近いものを推奨していることになる。

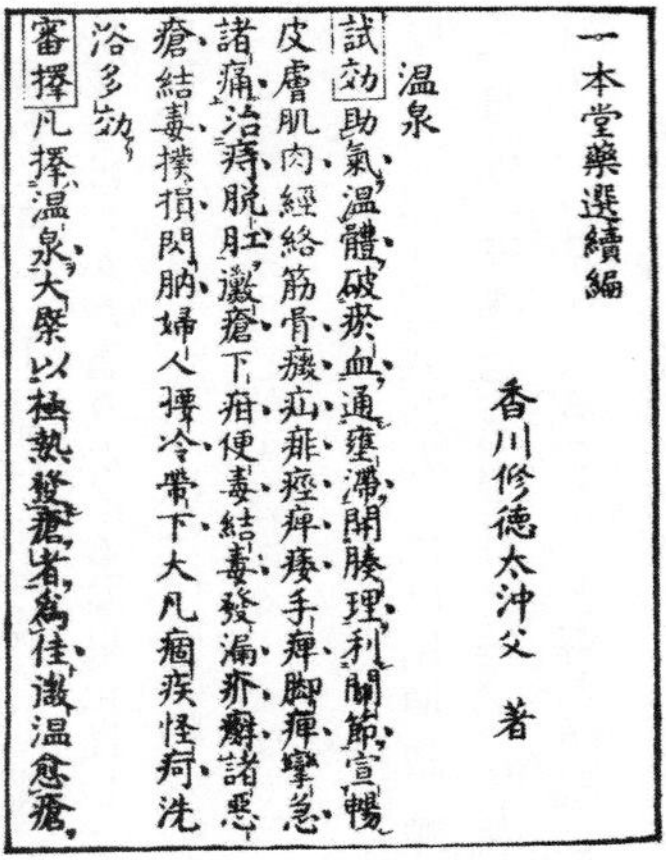
一本堂藥選續編
香川修德太沖父　著
温泉
試効 助氣温體破瘀血通壅滯開腠理利關節宣暢皮膚肌肉經絡筋骨癥瘕痱痤痒瘙手痺脚痺攣急諸痛治痔脱肛瀉瘡下疳便毒結毒發漏疥癬諸悪瘡結毒撲損閃朒婦人陰冷帶下大凡痼疾怪痾洗浴多効
審擇 凡擇温泉大槩以極熱發瘡者爲佳蓋温愈瘡

図５－４　『一本堂薬選続編』冒頭の「温泉」編

『一本堂薬選続編』温泉編で一般に参考になるのは最後の「和華温泉考」で、日本全国の推奨する、あるいは知られた温泉地名を挙げている。数えると二一九に及ぶ。これは初めての本格的な温泉地一覧である。この後、三宅《みやけ》意安《いあん》が明和四年（一七六七）に『本朝温泉雑稿』を著し、五十数カ所の温泉地の由来や効能を述べている。これらの書物が江戸後期から盛んになる温泉番付や諸国温泉案内の基礎資料、データベースともなったと考えられる。

寛政六年（一七九四）には儒医の原雙桂《はらそうけい》が『温泉考』（『温泉小言』とも）を刊行した。硫黄の気やほのかな香りがある温泉を良しとし、湯の色は「潔白水のごとき、あるいは少し黄色を帯びるも良し」、味は「白湯を飲むにひとしき」くらいがいいとするから、単純硫黄泉あたりの泉質が理想的と言える。あまり熱い温泉はよろしくないとしているのは、香川修徳と異なる。

文化六年（一八〇九）には柘植《つげ》叔順《しゅくじゅん》（竜洲《りゅうしゅう》）が『温泉論』を出している。入浴回数も「一日に三度まで」が定着した。入り方も、体に湯をよくそそぎ、その後徐々に両足から浸け始め、静かに入ること、と善き作法を説く。また、温泉は女性の子宮にも効果があるとして、独自の洗浄器具を考案したことでも知られる。江戸時代の温泉医学はなかなか多彩な様相を見せていた。

## 蘭学が促した温泉の化学分析と分類

江戸時代は温泉化学、温泉分析が始まった時期でもあった。その最初で最大の成果が、岡山津山藩医で蘭学者《らんがくしゃ》の宇田川榕菴《うだがわようあん》が編訳し、天保八年（一八三七）以降一〇年かけて刊行された日本初の体系的な化学書『舎密開宗《せいみかいそう》』七冊だ。イギリス人化学者ウィリアム・ヘンリーの原著（一八〇一年）のオランダ語訳版を翻訳し、さらにほかの書物も参考に増注してまとめあげた。「舎密」はオランダ語で化学を意味する「chemie」のこと。

七冊目が外篇で、その中で「鉱泉」について述べている。巻二の「鉱泉四宗類」では、鉱泉を酸泉《さんせん》、鹽泉《えんせん》、硫泉《りゅうせん》、鉄泉《てっせん》の四つに分類し、「鉱泉熱度」では鉱泉の泉温によって熱泉、温泉などと分けている。このとおり、泉温の高い鉱泉を温泉というのである。

宇田川榕菴は『舎密開宗』刊行のみならず、各地の温泉水を取り寄せ、実際に成分の化学分析を行なった。熱海温泉の「泉性」や試薬を用いた「試験説」、その結果にもとづく効能「泉主治」などを記した文政十一年（一八二八）三月の「豆州熱海温泉試説」を皮切りに、諏訪、有馬、岳、岡山の湯原《ゆばら》、真賀《まが》、湯郷《ゆのごう》など数多い温泉を分析対象にした。そのための試薬などは当時入手が難しい。そこで二年前の文政九年に江戸参府の長崎《ながさき》オランダ商館付医官フィリップ・シーボルトと助手のハインリッヒ・ビュルガーに会った際に、指導とともに提供を受けたのではないか、と推定されている（大沢眞澄「本邦における温泉水化学分析の展開」）。

同じ頃、同学の越後の医師小村英菴《こむらえいあん》が赤倉や湯沢など越後の温泉を踏破調査して温泉を分析（『越後泉譜』）したことを、藤浪剛一が著書『温泉知識』で指摘する。また、蘭方医の新《しん》宮涼庭《ぐうりょうてい》は『但泉《たんせん》紀行』で、温泉の主成分と泉質分類について言及した。信州松代藩内の複数の温泉を分析した佐久間象山《さくましょうざん》、長崎でシーボルトに蘭学・医学・化学を学んだ高野長英《たかのちょうえい》といった著名人を含めて、江戸後期にはこのように温泉分析についての言及も増え、温泉の科学的研究や考察の素地が豊かに形成されつつあった。

## 5　江戸の温泉番付

### 北東北の温泉文化を記録した菅江真澄

江戸時代には数々の紀行文や旅日記が編まれる中、これまで知られなかった温泉地や秘湯までが対象に取り上げられる。江戸中後期から顕著になるマイナー温泉地紹介は、それ自体が情報として新鮮で、新たな関心と需要を生んだ。

秘湯を訪ねて日記や地誌に残した大先達は、本草医学・民俗地誌学者の菅江真澄《すがえますみ》である。彼の記録は江戸時代には刊行されなかったので、新たな需要を生むことはなかったが、江戸中後期のとくに北東北の湯治場の姿、温泉文化や温泉信仰を詳細に伝えるものとして貴重である。記録した温泉地の数は、完全ではないが筆者調べで、長野県六カ所、福島・山形・岩手県で各一カ所（熱塩《あつしお》、温海《あつみ》、須川《すかわ》）ずつ、宮城二カ所（花山《はなやま》、温湯《ぬるゆ》）、北海道九カ所、青森三一カ所、二九年間過ごして生涯を閉じた秋田が少なくとも二八カ所ある。

菅江真澄は蝦夷地《えぞち》（北海道）南部と北東北地方を四五年間にわたり巡遊滞在したため、温泉記述の特色の一つは、土地の人と交流し、共感をもって観察記録していることだ。二つ目は、温泉を希少な自然現象で地域の生活風俗文化の重要な要素ととらえ、民俗地誌学の基軸にすえていること。三つ目には、観察の対象が幅広く、泉源と湧出状況、温泉の性状、産物、効能、湯つぼの数や状況、歴史や温泉信仰まで及んでいること、が挙げられる。

寛政四年(一七九二)十月三十日、下北半島恐山温泉での記録には、「湯の色は、山藍《やまあい》をこき流したようで……花染《はなぞめ》の湯といって薄いくちなし色に湧き出て……湯浴みしようとする人は、煙草《たばこ》の葉で黄金、脇差しの類、金物はみな包んでいる」(日記『牧《まき》の冬枯《ふゆがれ》』)とある。酸性硫化水素泉の硫化水素臭と変化に富む湯の色など特色をよくとらえており、硫化水素で金属が変色するのを避ける手立てを湯治客がしっかり講じていた事実も興味深い。

「湯浴み人用の仮屋をたくさん建て並べ、便所を細い流れの上に架かるように造って……石油の燃え出る煙と湯煙が混じり合う」(『牧の冬枯』)湯治場の情景や、「女は紺色の湯文字を腰に巻いて大勢並び、頭に手拭《てぬぐい》をかけ、大きな手桶で湯を盛んにすくっては百度も千度も頭にかけている」(日記『奥の浦うら』)女性たちの入浴の様子もこまかく描写している。

享和二年(一八〇二)十二月半ばから翌年四月下旬まで過ごした秋田の大滝温泉では、温泉を流した湯滝の下に「病人《やまうど》(湯治人)が居並んで腰や足や手、頭を打たせ、菰《こも》を引き回して岩の上で睦《むつ》まじくおしゃべりしたり唄ったり、戯《ざ》れあいながら湯浴みしている」(日記『すすきのいでゆ』）なごやかな様子を記す。同浴した母親が抱いた幼子に腫《は》れものを見つけて、天然痘に罹《かか》ったのではないかと心配するのを、ほかの女性が心配を和らげる言葉をかけて湯から上がっていったことなども日記に記している。

長逗留する湯治場ではお互い顔見知りになる。同宿者ならなおさら。帰る人がいると宴《うたげ》が催される。湯浴みでなじみになった人との別れが名残惜しく、大いに酒を飲み交わしては声のかぎりに、「けやくはなれと　お庭の草子《くさこ》　うら子は枯れても　根子《ねっこ》は切れない（名残惜しい別れですが、庭の草は枯れても根っ子は切れないように同宿のご縁も切れませんように）」と、方言で唄い合う。

出会いと別れ、そして再会もあるのが温泉地・湯治場。そこに日常の場とは異なる会話、交流が生まれて、互いに癒され、独自の温泉文化も育まれる。菅江真澄はこのことを北東北の素朴な湯治場で体験し、記録にとどめた。

### 初の《秘湯ブーム》

二人目の、地理学に長《た》けた備中岡田《びっちゅうおかだ》藩の古川古松軒《ふるかわこしょうけん》は、西日本を旅して『西遊雑記』を、幕府巡見使《じゅんけんし》一行に加わって天明八年（一七八八）に東北日本を巡り、『東遊雑記』を書いた。巡見使とは全国各藩内を視察するのが役目である。公費で旅ができる代わり、巡る先は自分の思い通りにならなかったが、『東遊雑記』には温泉地の記述も少なくない。福島の土湯《つちゆ》、山形の蔵王、湯田川、温海、秋田の大湯、湯瀬《ゆぜ》、青森の大鰐、浅虫《あさむし》などおよそ一六ヵ所。実際には行けなかったが、吾妻《あづま》山中の白布《しらぶ》温泉と思われる熱湯に「虫を生ず、踊り上がる湯玉の上を走り廻る」といったことや、湯瀬温泉より「山中に入ると湯が出る地数ヵ所あり」という八幡平《はちまんたい》の温泉と思われる秘湯情報も記している。

立場ゆえか古川古松軒の温泉地へのまなざしには、ほかと優劣を比較したり、突き放すような記述が散見される。たとえば上山温泉は、「市中皆みな草葺《くさぶ》き・板屋根にて、見苦しき町の中に温泉あり……熱湯にて嗅気《きゅうき》もなく、また功ある湯にはあらず」という調子だ。

三人目は、寛政の三奇人の一人に数えられた尊皇思想家高山彦九郎《たかやまひこくろう》で、寛政二年(一七九〇)に江戸を旅立って関東から東北を約半年旅したときの日記『北行日記』が挙げられる。記されるのは、福島側から奥羽《おうう》山脈を抜ける板谷《いたや》峠を越えて米沢《よねざわ》藩領に入った吾妻山周辺の五色《ごしき》、滑川《なめがわ》、姥湯《うばゆ》温泉など今も人気の高い秘湯ばかり。もっとも、言及のみで逗留していない。

代わって泊まったのは宿場でもある赤湯、上山などにぎわう温泉町だ。赤湯は「赤湯町百軒余有り……疝気《せんき》と中風によろしいという。湯場三つ……両度入湯す……妓《ぎ》は二十人斗《ばかり》と聞いた」、上山は「湯坪は二十ほど。外湯は三ヵ所で、自分も入った。妓婦は五十人ほど。

町はにぎわっていた」と記す。妓婦の数に関心があったらしい。山形は温海、湯田川、湯野《ゆの》浜《はま》と妓婦・遊女の数が多く、にぎわう温泉地が多い。そのせいか奥の細道紀行で入口にあたる海辺の宿に泊まった芭蕉は、温海温泉まで出かけず、同行の曽良《そら》だけが出かけて行った。

真打が、越後の文人で『北越雪譜《ほくえつせっぷ》』の著者鈴木牧之《すずきぼくし》による『秋山記行《あきやまきこう》』である。新潟と長野県にまたがる山峡、平家落人《おちうど》伝承のある秋山郷探訪記で、江戸後期の秘境・秘湯紀行のハイライトと言えた。取材執筆のきっかけは、鈴木牧之と交流のあった戯作者十返舎一九《じっぺんしゃいっく》が興味をもって勧めたからで、出版の約束もとりつけていた。秘境・秘湯探訪記が売れるという判断があったのだろう。鈴木牧之は文政十一年（一八二八）九月に案内人と共に秋山郷を探訪し、天保二年（一八三一）に完成させて十返舎一九に送ったが、その夏一九が亡くなり、出版は宙に浮く。結局、鈴木牧之の存命中に『秋山記行』が刊行されることはなかった。

『秋山記行』では中津川《なかつがわ》に沿ってさかのぼり、途中に和山《わやま》温泉と思われる温泉の所在も記述しているが、目当ては最奥の「湯本」と呼ばれた温泉場（切明《きりあけ》温泉）だ。ここに何と湯守が管理する湯宿があった。九月で寒くなったせいか湯浴み客はほかにいない。「まことに無人の佳興に入りて命の洗濯する心持なり……此湯の浴は今生のなごりとしきりに長湯して……」と秘湯を堪能する気分がよく伝わってくる。そこで句を詠んだ。

「月影を　夜すがら友に　出湯かな」

湯つぼから見上げる山峡の空はせまく、月がこうこうとあたりを照らす。外は冷えてきて、ほどよい湯温がまるで湯ぶとんのように身を包んで心地よく、長湯を楽しんでしまう。江戸後期に秘湯を訪ね、心ゆくまで浸った心は現代とつながる。初の《秘湯ブーム》到来の時と筆者が名づけたくなる所以《ゆえん》である。

### 『旅行用心集』が説く湯治旅の心得

文化七年（一八一〇）六月、八隅蘆菴《やすみろあん》が『旅行用心集』を刊行した。構成内容は、東海道や木曽路《きそじ》など主街道の「勝景里数」から旅行全般の心得「道中用心六十一ヶ条」に始まり、寒い土地を旅行する際に心得るべきことや旅具の一覧、船酔いやカゴ酔い対策、毒虫にさされたときや落馬への処方などかゆいところまで手が届くアドバイスに満ちている。その最後のほうに、「諸国温泉二百九十二ヶ所」を収め、温泉湯治旅行の心得を指南している。

江戸後期は旅行を含めて消費文化が爛熟《らんじゅくき》期に入っていた。寛政十二年（一八〇〇）には幕府が子女の富士登山を許可。享和二年（一八〇二）には十返舎一九が『東海道中膝栗毛《とうかいどうちゅうひざくりげ》』シリーズを出し始め、大ヒットする。湯治旅と伊勢参りを先頭に寺社詣で、霊山講は、時間と金さえあれば庶民にも許された貴重な旅行機会だった。『旅行用心集』も、家業の暇に伊勢神宮に旅立つ人たちが心浮き立ち、支度を重ね、周囲から餞別《せんべつ》をもらい、出発の日は街は

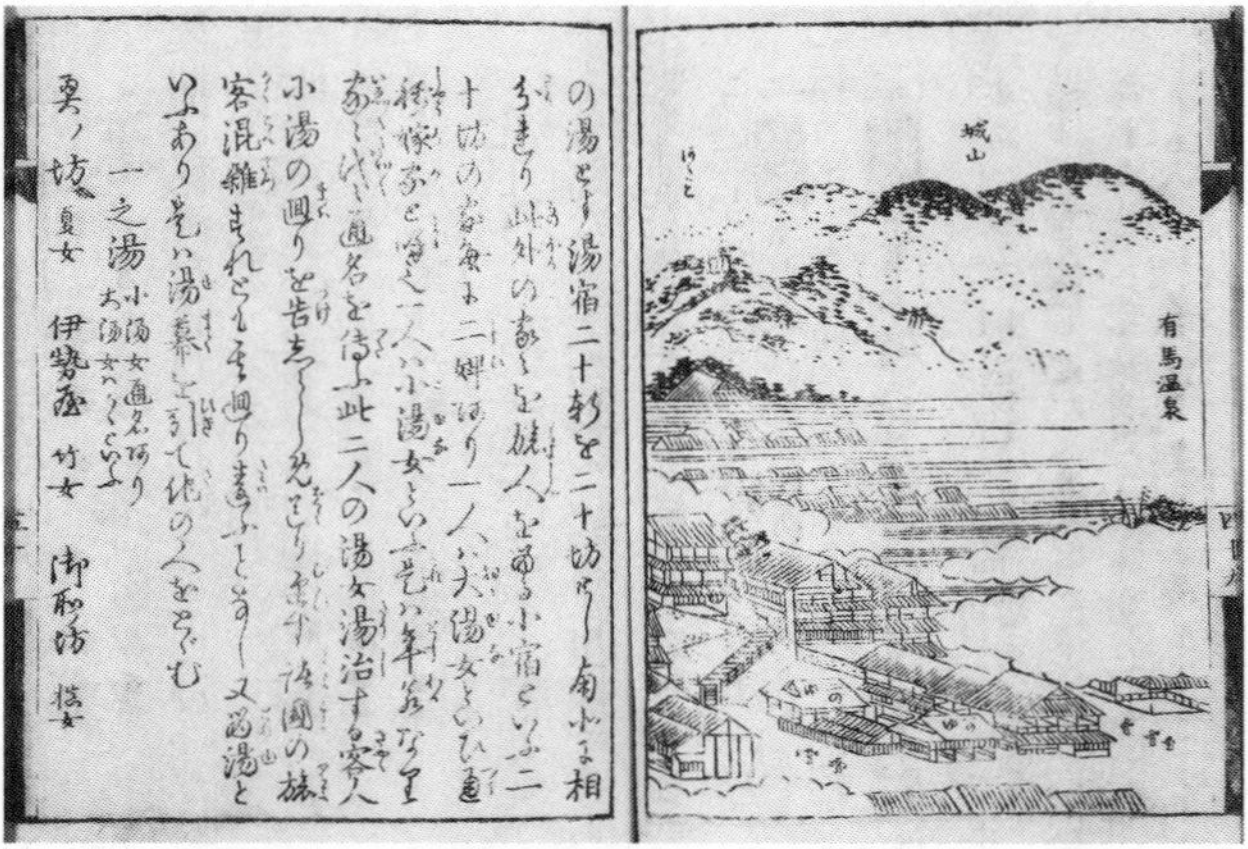


図5－5　『旅行用心集』の有馬温泉図と紹介文

ずれまで親族友人らが見送りに出て酒宴まで催す姿を「序」に示している。

「諸国温泉二百九十二ヶ所」では、「上は王侯より下は庶人に至るまで湯治すること今に盛んなり」と、湯治の心得、注意事項から始めるが、温泉医学の知見を参考にしている。「湯治をする人、温泉を尊信しなさい」と説くのも、先の河合章尭の言葉をほうふつさせる。一方で時代を反映して、ただの物参りや遊山の途中に温泉で骨休めする人にも用立つようにしている。「湯の源は一つでそれを複数の湯宿に配湯している場合、湯宿によって(提供の仕方で)効能も変わるから、様子を湯宿によく確かめること」など冒頭の心得は、現代にも通用する。

「およそ四十ヶ国」の「諸国温泉二百九十二

ヶ所」とは相当のデータベースに見える。もっとも、記載温泉を精査すると、ダブりは除き、不明な温泉名も含めて温泉地名としては二三一ヵ所になる。香川修徳『一本堂薬選続編』温泉編記載の二一九ヵ所と対照すると、これを参考にできたからこそこれだけの数の温泉名を挙げられたと思われる。

畿内に始まり東海道、東山道から東北に上がって行く紹介順は基本どおり。有馬、熱海、箱根など主な温泉地は主要都市からの里程を記載し、浴場の数や広さ、湯宿の数、効能など紹介も詳しい。伊香保の紹介は少ないが、「伊加保、草津の両所、各名湯にして優劣つけ難い。伊加保の効能が草津にまさるものもあり、草津の効能が伊加保にまさるものもあるが、皆その病症による」と、効能の違いを見てとる必要を述べる。温泉地の図版は有馬、熱海、日光山中禅寺《にっこうさんちゅうぜんじ》（日光湯元温泉）、会津の天寧寺（東山温泉）、湯の峰の五点を収める。会津の天寧寺温泉は紹介も詳しく、名湯として評価の高かったことがうかがえる。

こうして温泉医学書『一本堂薬選続編』温泉編掲載の温泉地一覧、それをふまえた八隅蘆菴の『旅行用心集』という温泉データベースがすでに提示されていた文化年間（一八〇四～一八）に、後世にも影響を与えた江戸の温泉番付が登場する。

温泉番付「諸国温泉功能鑑」

江戸の半ば以降、相撲《すもう》の番付表にならい、見立て番付が流行する。温泉番付もその一つで、各地でつくられた。始まりは確かでないが、ほとんど縦長一枚物で、相撲の江戸番付と呼ばれる木版刷り縦長一枚番付を模したとみられる。これが初めて発行されたのは宝暦七年（一七五七）の江戸相撲十月場所からなので、温泉番付がつくられたのもそれ以降と考えられている。

現存で年代が最も古いのは、文化十四年（一八一七）に草津温泉で板行《はんこう》された墨摺《すみずり》一枚版の「諸国温泉功能鑑《こうのうかがみ》」とされる。上半分が温泉番付、下半分は草津温泉図である。東西に分け、大関を最高位に関脇、小結、前頭の順に三段組で各温泉地を番付している。中央には行司役の温泉地が三つ並び、その下に勧進元、差添《さしぞえ》（介添え）の温泉地が載る。各番付の下に江戸からの里数・距離と「諸病（ニ）吉」などと効能を記す。後に里数は省かれても、効能は大半が記している。温泉地を効能本位で選んでいるためで、「諸国温泉功能鑑」という名称にもよく示されている。江戸時代を通じて温泉番付はこの名称が多かった。

そして東の草津、西の有馬が不動の大関を保った。江戸中期に先の後藤艮山と香川修徳は城崎温泉の新湯を有馬より高く評価したが、有馬は温泉番付ではトップの座を保っている。

草津は殺菌力に優れた高温の強酸性泉で、遊里通いから罹ることの多かった花柳病の梅毒菌

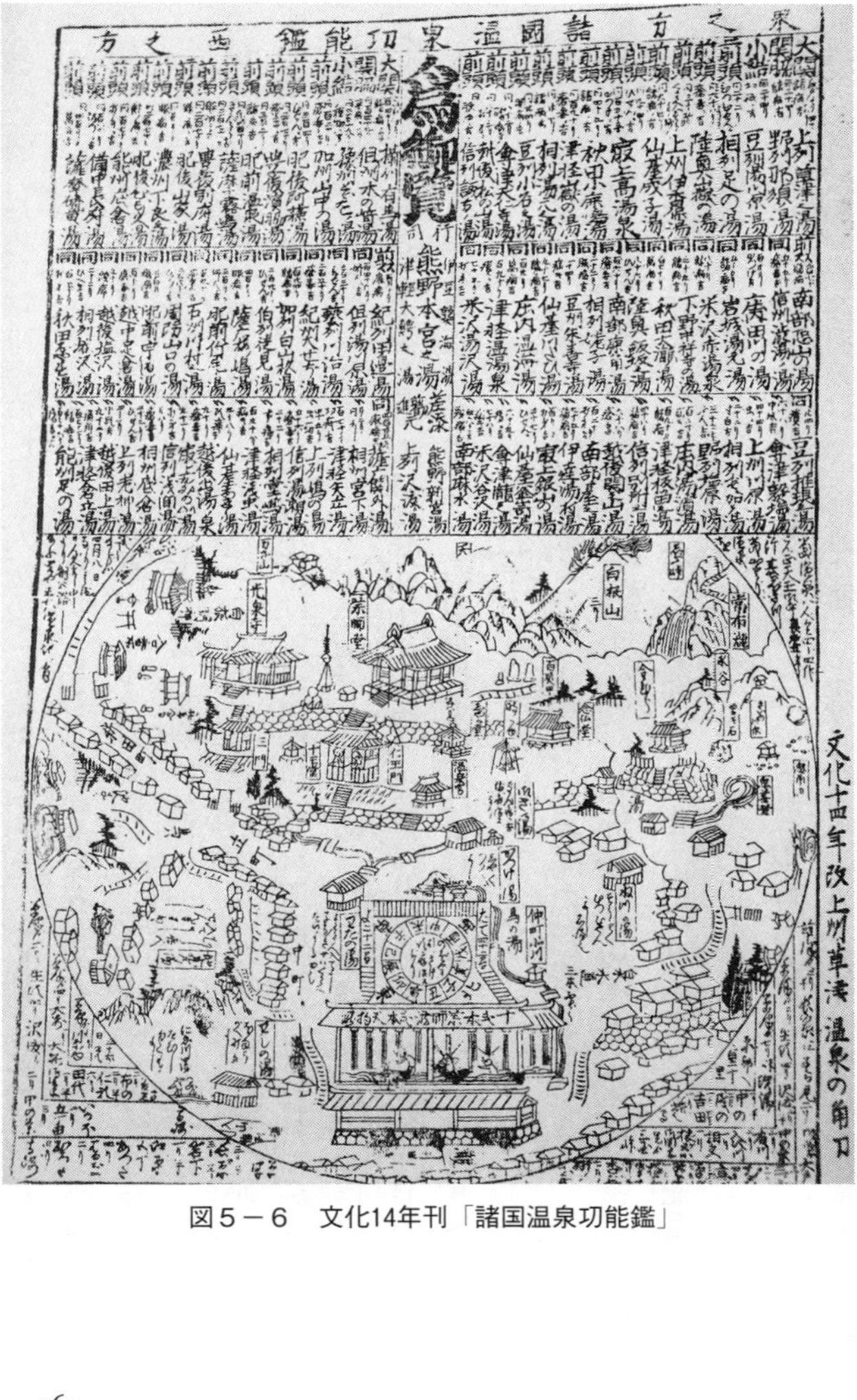


図5－6　文化14年刊「諸国温泉功能鑑」

が高温に弱いため、草津湯治に行く人があとを絶たなかった。それが「隣でも　草津へ立つは　知らぬなり」といった冷やかし川柳まで生む。草津も療養目的だけでなく、高原の恵まれた環境を求めて避暑・保養客も増える。その人気をあてにして十返舎一九も文政三年（一八二〇）に『上州草津温泉道中続膝栗毛十編』を刊行した。

続く東の関脇は「野州那須（ノ）湯」（那須湯本温泉）、西は「但州木ノ崎湯」が占めた。西の小結は道後温泉で一貫し、東の小結は「豆州湯川（河）原湯」（湯河原温泉）が、その後「信州諏訪湯」（下諏訪温泉）と交代したり、返り咲きもあった。前頭筆頭は、東はだいたい「相州足の湯」（芦之湯温泉）、西は「加州山中の湯」で決まりだった。温泉は東日本が豊かなので、番付も全体に東日本優位で、西の番付下位には東日本の温泉地が多数割り込んでいた。

もう一つのポイントは、中央に陣取る行司、差添、勧進元の存在である。

番付を見る人を納得させ、権威づけるには行司、勧進元、差添がだれしも認める名湯、あるいは別格の温泉地でなければならない。行司は、文化十四年刊「諸国温泉功能鑑」では「熊野本宮之湯」を中央に、左右に伊豆熱海湯と津軽大鰐の湯を配す。勧進元は「上州沢渡湯」（沢渡温泉）。差添は「熊野新宮湯」となっている。熱海は将軍御用達の温泉。大鰐は津軽藩主の御殿湯。沢渡温泉は「一浴玉の肌」と称されるアルカリ性で美肌作用があり、強酸性泉の草津湯治の「仕上げの湯」として定評があった。

立行司役《たてぎょうじ》の熊野本宮之湯は、江戸時代「本宮ノ温泉」と呼ばれた湯の峰温泉である。熊野は中世以降、湯屋や温泉の表象となっており、番付の権威づけにもその神聖な存在が必要だったと考える。しかし「熊野新宮湯」という温泉地はない。熊野本宮之湯と対をなすために仮託された温泉名とも考えられる。あえて候補を挙げれば、熊野三山の那智と熊野新宮を巡る参詣路「大辺路《おおへち》」沿いにあって湯垢離場《ゆごりば》だった古湯、湯川《ゆかわ》温泉（和歌山県）が比定される。

温泉番付は文化十四年刊「諸国温泉功能鑑」をいわば基本型として、多少のバリエーションはありつつ基本型の誤謬《ごびゅう》もそのままに江戸時代を通じて刊行され、明治以降も続いた。温泉番付の根強い人気は、今日の名湯百選など温泉地ランキングのはしりだったと言えよう。

## 6　外国人が見た日本の入浴文化と温泉

### 江戸時代以前の記録

江戸時代を鎖国と呼ぶのは正確ではない。平戸《ひらど》、次に長崎を窓口に清国《しんこく》、オランダを通じて海外と交易・交流し、朝鮮から通信使の往来もあった。対馬藩の朝鮮貿易や薩摩藩の琉《りゅう》球《きゅう》貿易は黙認したが、幕府による海外窓口の独占と言うべきだろう。江戸期以前には個人の海外往来、室町幕府やとくに西国の有力守護大名による海外交流・交易があった。ただし、外国人による日本の入浴文化や温泉に対する言及の記録となると、きわめて限られる。

最も早い例は、明朝成立後まもなく太祖洪武帝《こうぶてい》から建徳《けんとく》元・応安三年（一三七〇）三月に正使として一度、二度目は文中《ぶんちゅう》元・応安五年（一三七二）五月に明使の先導役として、南北朝時代の日本へ派遣された外交官で文人の趙秩《ちょうちつ》が詠んだとされる漢詩ではないだろうか。

二回目の訪日のとき趙秩は北朝方の周防・長門《ながと》の守護大名大内弘世《おおうちひろよ》に伴われ、西の京と讃えられた山口《やまぐち》に約一年滞在した。このとき山口の名勝一〇ヵ所を選び、十境《じっきょう》として詠んだ漢詩「山口十境詩」を遺した中に山口の古湯、湯田《ゆだ》温泉を詠んだ漢詩「温泉春色」がある。漢詩は、天地間の万物を創造する陰陽観、さらには中国伝統の陰としての水と陽としての火による温泉生成観も含み、湯田の景観を愛《め》でているが、温泉そのものは直接詠んでいない。次は室町時代の正長《しょうちょう》元年（一四二八）十二月、足利幕府新将軍義教《よしのり》就任表敬で遣わされた朝鮮通信正使の朴瑞正《パクソセン》で、帰国後国王世宗《セジョン》へ報告した中に日本の入浴文化への言及がある。

それは、「日本人はだれもが沐浴して身をきれいにするのを好み、屋敷には浴室があり、街には銭湯があって見事に運営され、角笛の合図で人びとは湯銭を払って入浴する」（『世宗実録』）という内容だった。貴賤に関係なく入浴して清潔を保つ日本の慣習を高く評価した朴瑞正は、朝鮮でも庶民救済のための国の諸機関や汗蒸《ハンジュン》（朝鮮式熱気浴）施設など人が集まる所に浴室を設ければ、湯銭収入で財政面にも貢献すると提言している。

同じく世宗の治世の嘉吉《かきつ》三年（一四四三）五月、朝鮮通信使序列三番目の書状官として日本に遣わされた申叔舟《シンスクチュ》は、日本各地の温泉の所在を『海東諸国紀《かいとうしょこくき》』に記した。

そこには日本の「八道六十六州（国）」ごとに郡の数や水田面積、「温井《おんせい》」（温泉）や「火井《かせい》」（主に天然ガス井《せい》）の有無を記載している。温井が記載されたのは出羽、伊豆、越中、周防、豊後、肥前、肥後の七カ国。温井の数が最も多いのは豊後の「五カ所」である。

十六世紀半ばからはヨーロッパ人が訪れた。天文十五年（一五四六）に日本へ来航、鹿児島《かごしま》に滞在したポルトガル人船長ジョルジュ・アルヴァレスが、イエズス会宣教師フランシスコ・ザビエルの依頼でまとめたものがヨーロッパ人最初の日本報告とされる。その中で「日本人は一日に二度入浴し、恥部を見せても恥じない」と入浴文化にふれている。

その後多くの宣教師が来日、膨大な日本関係資料を残したが、温泉についての記述は管見のかぎり見当たらない。日欧文化比較を試みたポルトガル人宣教師ルイス・フロイスも、「日本では男も女も坊主も公衆浴場で、また夜に門口で入浴する」といった入浴慣習への記述以外、温泉には言及していないようである。

## オランダ商館関係者の温泉記述

江戸のはじめ、外国との最初の窓口となった平戸に、はじめはオランダ商館付料理方手伝として元和五年（一六一九）に着任したフランス人フランソワ・カロンは、在留二十余年に及んだ後商館長となり、『日本大王国志』を著す。帰国後の正保二年（一六四五）にオランダで出版され、問答形式の第二十九問に「鉱泉」、温泉についての記述がある。

日本には「種々の温泉あり、患者を治療する」として、自分が見た温泉を複数記した中に、「海に遠からぬ山麓の平地から出る一温泉」は「一昼夜に平日ならば二回噴出し、一回が一時間続くが、東風が強く吹く時は、一昼夜に三回時には四回噴出する。温泉は石がちの穴から湧出、重い大きな石で蓋をしているが、噴出期が接近すると、湯は強い気息を以って多量に地上に噴出し（三、四尋《ひろ》も高く吹上げる）」「湯は……非常に熱く……この温泉の周囲に石垣を作り、その下部に若干の口を設け、樋を以って近隣の家に導き、多数の人々の療治に使用せらる」とあるのは、熱海温泉のことではないか。カロンは少なくとも四度は江戸に参府旅行しており、行き帰りに熱海に立ち寄った可能性は高い。

オランダ商館の長崎移転後も、関係者が江戸へ参府する途中見聞した中に温泉が登場する。最もよく言及されたのは、長崎街道に沿い、鍋島藩の藩営浴場もあった嬉野温泉だ。

オランダ人牧師アーノルダス・モンタヌスが寛文九年(一六六九)に出した『日本誌』に、嬉野温泉入浴の記述がある。来日経験がないモンタヌスは、東インド会社や宣教師らの報告・日記などから叙述した。商館長が「奇なる温泉に浴して快哉《かいさい》を叫びたる」嬉野温泉は、立派な屋根に覆われた浴場の浴槽に湯場の主人がまず熱泉を注ぎ入れ、次に冷水を注いで、入浴できる温度に整えていることを明らかにしている。

これについてはオランダ商館付医師のドイツ人エンゲルベルト・ケンペルも、元禄四年(一六九一)の旅行での体験を『江戸参府旅行日記』(原題『日本誌』)に、「一方は冷たい小川の水を、もう一方には熱い湯を入れ、混ぜて各人の好きな湯加減にすることができた」と書き留めている。同書でケンペルは、ほかに島原半島にある「有馬の湯本温泉」や小浜、雲仙、肥後の山鹿温泉、柄崎(武雄)、箱根湯本の各温泉についても言及している。

安永四年(一七七五)にオランダ商館付医師として来日したスウェーデンの植物学者ツンベルグも、嬉野温泉には療養者が浴後休める部屋など設備が整っていることを記している(『ツンベルグ日本紀行』)。

文政九年(一八二六)にオランダ商館長の江戸参府に随行したドイツ人医師・博物学者シーボルトと助手のドイツ人薬剤師ビュルガーは、嬉野温泉で日本初の温泉の化学分析を行なった。概要はシーボルトの原著(『日本』)の一部を訳した『江戸参府紀行』に載っている。

一行が訪れたのは嬉野と武雄温泉の二ヵ所で、後者を「使節とわれわれは、肥前藩主の浴場で入浴する許可を得た。木製の浴槽で、湯元から湯が運ばれた。その清潔さは驚くほどで、もともと水晶のように透きとおった湯を前もって馬の尾で作った細かい篩《ふるい》でこす」と記す。シーボルトは、訪れてはいないが雲仙温泉、霧島の硫黄谷ほか、阿蘇の栃木《とちのき》、地獄、垂玉《たるたま》、湯の谷温泉、肥後の山鹿、平山《ひらやま》、小天《おあま》温泉、別府や桜島《さくらじま》の温泉にも言及している。

## 外交官らの温泉地訪問

幕末の安政《あんせい》五年（一八五八）六月に幕府はアメリカと日米修好通商条約に調印、オランダ、ロシア、イギリス、フランスとも修好通商条約を調印し、日本に外交団が駐在するようになる。条約は開港地のうち神奈川《かながわ》、箱館《はこだて》、兵庫《ひょうご》はおおむね一〇里（約四〇キロ）以内、長崎は周辺の天領内での外出の自由を認めたが、外交団の中にはその範囲を超えても観光や温泉湯治目的で国内旅行を計画、幕府に申請して認められる例が出てきた。

神奈川（横浜《よこはま》）からの湯治先は熱海、箱根で、熱海初湯治の外国人は安政六年八月にアメリカ領事ドーア、同年九月にイギリス総領事館付属士官ガワーとされる（『熱海市史』）。本人が湯治願いを出し、総領事や公使が幕府老中宛に許可を求める。許可されると幕府側は、現地に受け入れ態勢を万全にするように命じ、役人を付き添わせた。役人として同行した藤原《ふじわら》葛満《かつみつ》の『あたみ日記』によると、浦賀《うらが》から蒸気船で熱海に行き、日金山《ひがねさん》にも登っている。湯治の外国人も古傷治療という程度で、気分転換をはかりたかったのだろう。

箱根の宮ノ下温泉には慶応《けいおう》三年（一八六七）五月にフランス人貴族ボーヴォワールが逗留した（『箱根温泉史』）。踊り子付きの宴会や「透明な湯の小さな世界の中にいたのは六人で、かなりきれいな女性が三人、男が二人、そしてこのわたし」という混浴体験もしている。

外国人を驚かせたのは熱い湯と、銭湯や一部の温泉場でのこの混浴だった。以前は湯具着用だったのが、江戸後期の文化爛熟期には手ぬぐいひとつになっていた。欧米人ほど性的象徴とは意識されず、むしろ母性の象徴であった女性の乳房が混浴風呂で露《あら》わになっていただけでも、当時禁欲主義的風潮が主流だった欧米人は目を見張ったのである。

万延《まんえん》元年（一八六〇）には、イギリス初代駐日公使ラザフォード・オールコックが、外国使節団は条約によって「どこでも自由に旅行する権利を保証されている」（『大君《たいくん》の都』）と幕府に主張し、富士山登山を含む「転地旅行」を七月に敢行した。帰路に二週間滞在したのが熱海で、幕府はオールコック公使一行が通る悪路をあわてて補修している。

オールコックは、熱海の主要な浴場施設である本陣が予想以上にはるかに優れた設備で、「源泉から直接にみたされている六つの広々とした浴室が一列に並んでいる」のを喜んだ。広々とした複数の浴室と源泉に満ちた浴槽、日本式庭園、海を見渡せるバルコニー付部屋な

図5－7　熱海大湯前のオールコックの碑と愛犬トビーの墓

ど快適な居室を見て、「ここに滞在して、休養と海の空気と熱海の鉱泉の衛生的効果をためしてみよう」と決心した。西洋式に飲泉や蒸気浴も試みている。大湯の「大きな通気孔のところに小さな小屋を建てさせ」、蒸し風呂に活用させた。

滞在中に愛犬トビーが大湯間欠泉の熱泉にふれて死ぬ事件が起きる。このとき熱海住民が示した哀悼の意や親切が、後に攘夷《じょうい》事件が続いて強硬意見に傾いたイギリスの対日世論をオールコックによって好転させる要因にもなった。

フランス公使レオン・ロッシュも慶応二年（一八六六）六月三十日に軍艦で網代に入港し、熱海湯治している。落馬の後遺症やリウマチも悪化していたようで、真剣に湯治しようとした。しかしその合間にも幕府や将軍の指南役として働き、網代の宿舎に温泉を運ばせたこともあった。その間、日本との修好通商条約締結にロッシュの協力を求めて七月六日に軍艦で網代に入港したイタリア使節団長ヴィットリオ・アルミニヨンの一行も熱海を訪れている。

イギリス外交官で駐日公使も務めたアーネスト・サトウは明治維新後、『明治日本旅行案内』や『日本旅行日記』を出版し、入浴と温泉案内も行なっている。自ら箱根、草津、日光湯元、山梨の温泉を訪ねたサトウの著作は明治以降の訪日欧米人の必読書となった。

# 第六章　自然湧出から掘削開発の時代へ
## ――明治・大正時代

### 1　維新の志士・元勲と温泉

#### 志士が集い、癒された温泉場

明治維新の原動力となった志士も温泉場の優れた特質を存分に活用した。幕末とくに西南雄藩の志士が集った主な場所の中で温泉場のあるのは、湯田温泉の山口のみである。日本海側の萩《はぎ》に居城を封じ込まれていた長州藩は政局により関与すべく山口に拠点を移す名目にしたのが、湯治ができて来客の接遇にも便利という点だった。湯治に寛容な幕府は阻止できず、時の藩主毛利敬親《もうりたかちか》は藩の出先機関「山口屋形《やかた》」という藩庁を山口に設けた。

他藩の志士も湯田温泉に出入りして密談を重ねることができた。正座して論じ合うよりも一緒に湯に入り、はだか付き合いすれば、疑心暗鬼も解けるというもの。江戸中期にできた

図6－1　湯田温泉「維新の湯」

老舗旅館「松田屋《まつだや》」がその舞台となり、文久《ぶんきゅう》三年（一八六三）八月十八日政変で都落ちした攘夷派の三条実美《さんじょうさねとみ》ら七人の公卿《くぎょう》らもしばしば滞泊し、長州藩士や他藩の志士との密会所とした。出入りした志士は長州藩士の高杉晋作《たかすぎしんさく》、木戸孝允《きどたかよし》、伊藤博文《いとうひろぶみ》、山県有朋《やまがたありとも》、井上馨《いのうえかおる》、大村益次郎《おおむらますじろう》、他藩では坂本龍馬《さかもとりょうま》、西郷隆盛《さいごうたかもり》、大久保利通《おおくぼとしみち》の名が挙がる。御影石《みかげいし》を組んだ重厚な造りの浴槽（「維新の湯」）は大人四人入れる程度の広さだから、同浴すれば親密度合いも深まった。温泉場でのはだかの付き合いが維新の原動力となる薩長同盟を生んだと言える。

　慶応二年（一八六六）一月二十一日、薩摩藩家老小松《こまつ》帯刀《たてわき》の京都邸で木戸孝允と西郷隆盛による薩長同盟締結に立ち会ったのが坂本龍馬で、二日後の夜、京都伏見《ふしみ》の寺田《てらだ》屋《や》で幕府伏見奉行所の捕吏に龍馬は急襲され、両手の親指と左手人差し指の動脈を切られる傷を負う。龍馬の傷を癒す目的で薩摩へ誘い、傷の湯で定評の湯治場を教えたのが西郷隆盛と小松帯刀だろう。《日本初の温泉新婚旅行》ともいわれる龍馬とお龍《りょう》の湯治旅である。

案内役は藩士吉井友実《よしいともざね》で、小松帯刀は霧島の島津藩御用達の栄之尾温泉湯治に先発していた。最初に西郷お気に入りの日当山《ひなたやま》温泉に宿泊後、新川《しんかわ》渓谷に湧く塩浸《しおひたし》温泉に着き、一一泊する。姉の乙女《おとめ》への手紙に「谷川の流れにて魚を釣り、短筒《たんづつ》で鳥を撃つ。誠におもしろかりし」と書いたように湯治が効いたことがわかる。再び吉井友実の案内で霧島山に上り、栄之尾に小松帯刀を見舞い、硫黄谷温泉に泊まった。硫黄谷は「硫黄気ありてよく湿瘡を治す」(『三国名勝図会』)という硫黄泉と酸性泉があり、傷の化膿《かのう》防止に推奨されたかもしれない。温泉番付では「薩摩硫黄湯」として西の番付上位に格付けされていた。

### 明治の元勲と温泉でのふるまい

明治維新を見ることはなかった龍馬に温泉を勧めた西郷隆盛はどうだったのか。西郷は江戸開城後の上野《うえの》戦争で勝利を収め、明治元年(一八六八)六月に藩主島津忠義《ただよし》と鹿児島に戻ると、「健康を害した」と言って温泉に出かけた。戊辰《ぼしん》戦争出陣後の十一月初旬、再び鹿児島に戻るとすぐに日当山温泉で静養した。当時、日当山に旅館らしいものはなく、共同湯「元湯」に近い農家の表座敷を借り、狩りや釣りと温泉三昧《ざんまい》の日々を過ごしている。

その後、藩主島津忠義直々に日当山温泉に来て藩政への復帰を要請したため戻り、箱館戦争の応援に藩兵を率いて赴いたりした。維新政府に復帰したのは明治四年(一八七一)二月。

明治六年十月まで政府の要職に就いている。しかし朝鮮問題では無用な出兵に反対して自ら使節となって赴くという決定をくつがえされ、参議間の分裂を契機に、持病を理由に辞表を提出して帰郷。二度と政府や県の要職に就くことはなかった。

その間に西郷の主な逗留先となったのは、薩摩半島南端の鰻《うなぎ》温泉、霧島山中の白鳥《しらとり》温泉（宮崎県白鳥上湯《うえゆ》温泉）、栗野岳《くりのだけ》温泉の三カ所である。

スメと呼ばれる天然蒸気かまどがある鰻温泉には、明治七年（一八七四）に佐賀《さが》の乱を起こした前参議江藤新平《えとうしんぺい》が戦闘中に支援を求めてやって来たが、西郷は動かなかった。この年春、西郷が詠んだ「塵世《じんせい》（俗世間では）官を逃れ　また名を逃れる　ひとえに悦《よろこ》ぶ　造化自然の情……」という漢詩が心情を物語っていよう。白鳥温泉には小地獄《こじごく》地帯があり、天然蒸し風呂を備える。そして最後、西南《せいなん》戦争勃発《ぼっぱつ》一〇カ月前の明治九年四月に初めて訪れたのが栗野岳温泉だった。背後の松林には熱泉流れ出る八幡地獄《はちまんじごく》が広がり、ここにも天然蒸し風呂がある。西郷は「全く仙境」（『西郷臨末記』）と気に入ったが、仙境の温泉世界に戻ることはついにかなわなかった。

ひるがえってほかの明治の元勲たちはどうか。『国民新聞』を主宰した徳富蘇峰《とくとみそほう》が『熱海たより』に明治二十六年（一八九三）、「鬼より恐ろしき西郷が首を打ち斬《き》り、今は天下に誰れ一人憚《はばか》るものなく……大鼾《おおいびき》で安眠する様に相成り……」と書いたように、新政府の元勲や高官らが首都に近い熱海に休養と社交のために次々と来遊するようになった（『熱海市史』）。西南戦争後まもなく、政府軍の旅団長として参戦した大山巌《おおやまいわお》らが、翌年には大久保利通も熱海に来遊している。後に首相も務め、西南戦争で政府軍を指導した黒田清隆《くろだきよたか》らは、熱海では滞在中に狩猟を好み、旅館の二階で相撲をとったり、同伴の婦人にはだか踊りを強要するなど暴れて大変だったという。明治二十年代以降は熱海に別荘を持つ動きもあった。「熱海の地が維新功臣の遊楽地として発達したことにつながっている」（『熱海市史』）わけで、元安芸藩主、佐賀藩主、徳島《とくしま》藩主などの華族も続々別荘を所有している。

西郷隆盛は旅館もない温泉場でもかまわず、民家の一隅を借りては土地の人がふだん利用する素朴でひなびた共同浴場の、末席を好んだ。対極は明治のほかの元勲たちで、愛妾連れで有名温泉地の高級旅館に泊まっては揮毫《きごう》を残すようなふるまいが目立つ。もちろんそれも温泉文化を豊かにする営為である。ただ、幕末の激動期を駆け抜けていった志士たちを想《おも》うと、どのような温泉場での過ごし方がしっくりなじむだろうかと考えてみたくなる。

## 2　地租改正で問われた温泉の権利

### 官有地や公有財産編入への対応

廃藩置県後、明治新政府が税収・財政基礎を固めるために行なった一大租税改革が明治六年（一八七三）七月の地租改正である。並行して、全国の土地を皇宮地や神地や除税地のほかは基本的に官有地と民有地に大別する官民有区分を推進。温泉地に深刻な影響を与えた。土地の所有権を大別する政府の方針で、貢租の対象ではなく村民の入会地として村持《むらもち》でこれまで利用できた山林原野・水源地や鉱泉地などが一律に官有地に編入される。共同湯つぼなどの土地、総有的な財産も取り上げられてしまうことから、多くの温泉地が強引に官有地に編入されていく土地や温泉の払い下げ願いを起こした。具体的な対応策を見よう。

湯田中渋《ゆだなかしぶ》温泉郷を抱えた旧湯田中村と旧沓野《くつの》村は、江戸時代それぞれ志賀《しが》高原一帯に広がる山林を自由に採取・利用できる入会地としていた。それを明治新政府は公有地、さらに官有地に編入したので、官有地払い下げ願いを出すが繰り返し却下される。明治二十二年（一八八九）の町村制施行で合併した平穏《ひらお》村のそれぞれ湯田中区、沓野区となると、これまでの区有・部落有の財産をすべて町村の公有財産として取り上げ、入会地としての利用や立ち入りをできなくする長野県の動きが進んだ。ここに至って両区は事の重大さを知る。湯田中区・沓野区両区民は法律家の助言で、整備が進む近代法にかなう財団法人をそれぞれつくり、鉱泉地・林野を含む区有・部落有財産をいったん平穏村有財産として統合後、その区有・部落有林野や鉱泉地に永久的な地上権を設定して財団法人の基本財産とし、利用できるようにする対処策を決めた。こうして湯田中区に共益会、沓野区に和合会という財団法人が大正時代に設立され、昭和二年（一九二七）に認可された。

湯田中共益会を例にとると、運営に必要な母体は安代組、脚気《かっけ》の湯《ゆ》組、大湯組、千代の湯組、新湯田中組など区民が共同利用する共同湯単位の組を中心に構成される。明治以降始まる掘削《くっさく》も共益会が行なう。温泉資源と利用施設を地域住民が長く支えてきた成果である。

野沢温泉も同様の対応をとった。温泉が湧く旧野沢村を含む近隣四村合併で明治八年（一八七五）に旧豊郷《とよさと》村が成立すると、温泉湧出地域の一一地区を束ねる地域自治組織の野沢組をつくった。村落共同体の自治を引き継ぎ、道祖神《どうそじん》祀りなど共同祭祀の執行、温泉資源と共同湯つぼを含む惣有財産の組有地その他財産の保全と管理運営を行なうのが目的である。野沢組規約は「組の資産は、組構成員全員の総有とする」と明記する。一一地区の区長を統轄し、組の資産を管理し、組を代表するのは、全員の互選で毎年選ばれる正副の惣代であることも、野沢温泉の長い惣有の歴史を継承している証だろう。

鳥取藩主の御茶屋があった岩井温泉では明治五年（一八七二）、御茶屋と湯小屋を払い下げることになった。旧鳥取藩士が御茶屋と中心的湯つぼの一の湯を買い受けたため、「宿中」＝村中が「一の湯は（岩井の）湯の根本なので他の人に入手されては宿中が難儀する」（『岩美町誌』）と再度払い下げを申し立て、温泉と湯小屋・湯つぼは岩井区有となった。

これによって明治十年（一八七七）には、岩井区が共同湯を初めて普請している。以降、共同湯の改築を岩井区各戸の建築準備貯金でまかなう。明治三十五年刊『因幡岩井温泉案内記』（岩井温泉宿屋組合編）は、「温泉浴場は村内の共有にして（内湯は之を除く）、毎年区長を推撰し、是れが万端の総務を主掌監督」と説明している。

図6－2　岩井温泉の共同湯

岩井区有で村内共有の共同湯を明治四十五年刊『因幡岩井温泉誌』では「総湯」と称している。

## 総有の維持と共有温泉盟約

この総湯を保ってきた山中温泉では、総湯の権利一切を明治九年（一八七六）に山中村有とし、浴場の管理は山中鉱泉営業組合に委ねた。江戸時代からの山中村は明治の町村制移行でもそのまま山中村を維持し、引き続き自治体として総有の伝統を守れるとみたのだ。

同じく七湯すべてに総湯が記録される箱根では、明治十三年（一八八〇）七月に箱根湯本温泉で共有温泉盟約とそれにもとづく営業上申合規則を取り交わした。湯本は唯一の泉源「元泉」に共同湯つぼの総湯があった。元泉から引湯して内湯を持つ湯宿二軒と内湯を持たず総湯を利用する宿など湯場地区一九戸が申し合わせ、泉源と総湯を共同管理してきた。その旧来の慣行を明治になって近代法の共有概念にあてはめるため、共有温泉盟約という新たな契約を取り交わした。盟約では従来の慣行内容を順守することを再確認している。

湯河原温泉では、藤木川の河原に湧く本湯を石垣で囲って湯つぼにし、「村持」の「村湯」としてきた。共同湯つぼは江戸後期には「まゝね湯」など三つになるが、泉源地の温泉場地区を持つ宮上《みやかみ》村の共有、つまり村湯の構造に変わりはなかった。

それが、宮上村も合併で土肥《どい》村となる明治二十年代には、開掘という浅い掘削で泉源と湯つぼが増え、一部は引湯で宿の内湯となって、これまでの温泉慣行との紛争が生じた。そこで温泉場地区は明治二十二年（一八八九）九月に土肥村長宛に願書を提出。願書では旧宮上村には「一村共有温泉」があること、村湯として維持してきた共同湯と源泉を「宮上村中の玉宝にして決して他人の関係する物件にあらず……同村にて拝借し永年保護致すべし」と言い切っている。この文言に、長い年月をかけて温泉資源と共同利用を守ってきた地域住民の思いと誇りが示されている。明治新政府が推し進める近代的土地私有制度や市町村制合併も、温泉地域社会による伝統的な資源の共同管理利用のあり方、法社会学で言うところの旧慣上の温泉権を無視することはできなかったのである。

### 北海道開拓と温泉

新政府は明治二年（一八六九）、蝦夷地開拓目的の官庁として開拓使を設置。開拓大主典《だいさかん》に就いた蝦夷地探検家松浦武四郎《まつうらたけしろう》の「北加伊道」にという進言をもとに、北海道と改めた。明治八年に屯田兵制度を設け、北方への軍事的な備えとともに北海道開拓を本格化させる。

蝦夷地の温泉を紹介した早い例の一つは、天明八年（一七八八）から四年間滞在した菅江真澄だろう。道南部日本海寄りのウシジリ（臼別《うすべつ》）といういで湯を訪れている。渓流にたぎりまじって温泉が湧き、いで湯のまわりの岩や木の枝にイナウ（削り花にした木幣）をたくさん立てかけてあるのは、アイヌの人々が湯浴みする際に湯の神を祀ったものだ。彼らは温泉場を聖域とみなし、温泉を守る湯の神に感謝するイナウを立てかけて祀っていた。

図6－3　登別温泉地獄谷

もう一つ早い例は、天明五年以降幕吏の従者として蝦夷地・千島《ちしま》・樺太《からふと》探検に出た最上徳《もがみとく》内《ない》である。彼が寛政二年（一七九〇）に著した『蝦夷草紙』には、湧き出る温泉が白濁して川に流れ込んでいるのをアイヌ語で「ヌプルペッ（霊力ある川）」と呼んでいたことを紹介している。登別《のぼりべつ》の地名の由来で、弘化《こうか》二年（一八四五）には松浦武四郎も入浴している。

登別温泉では、進出した和人が幕末期から温泉場に通じる道を開き、宿を建てて多くの人が利用できるように《開発》を始めた。開拓移民が増える過程と並行して、和人により各地の温泉に施設がつくられる。アイヌの人々は、自然の恵みで湯の神がいる温泉の所有を求めなかった。「温泉の神様、私を助けてください」と祈ってから湯治したという彼らの姿は、菅江真澄が北東北の湯治場で見た情景や明治以前の多くの湯治場にほぼ共通していた。

しかしその後、和人による温泉開発は資本力と近代的所有観念を伴って進む。多くの場合、アイヌの人々から温泉の所在を聞き出し、温泉を見つけるとそこに常設の湯つぼをつくり、宿を建て、道を開いた。開拓使に代わって明治十五年（一八八二）に札幌《さっぽろ》県・函館《はこだて》県・根室《ねむろ》県の三県体制に移行後、明治十九年刊『日本鉱泉誌』には札幌・函館二県で計四二ヵ所の鉱泉（温泉）湧出地を調査・紹介している。しかし根室県内は温泉が複数湧出していることを報告するのみ。それが平成二十八年度温泉利用状況では、北海道の温泉地は全国最大の二四五ヵ所に至った。無所有だった温泉は、開発の先陣争いの対象となり、アイヌの人々は従来のようには利用できなくなった。北海道の温泉の前史はアイヌ語由来の温泉名にとどめるばかりである。

## 3　自然湧出から掘削開発への大転換

### 上総掘りでの温泉掘削始まる

日本の温泉に一大転換をもたらしたのは、明治に入って人工的な掘削（ボーリング）によって温泉を手に入れるようになったことである。当時の主な掘削方法は掘抜き井戸か、孟宗《もうそう》竹《ちく》の弾力・反発力を活かす竹ひごと鉄管を用いた持続可能な井戸掘り技術の上総《かずさ》掘りだった。

別府では明治十二年（一八七九）頃に上総掘りによる「湯突き」が始まったようで、明治四十四年には当時の別府町だけで自然湧出泉一七口に対し、掘削泉は五七六口に達した（『別府温泉史』）。掘削開発が進むと、濫掘という新たな問題を懸念し、大分県は翌明治四十五年に鉱泉取締令を公布している。

熱海も大湯をはじめ自然湧出泉に依拠してきたが、明治三十年代以降は自前で温泉を掘り始める傾向が見られた。熱海では掘抜き井戸程度に浅く掘っても温泉が出た。しかしこれは直ちに大湯に影響を与え、間欠泉の回数も湧出量も減少した。このため大湯に依拠し、その湯株を持つ湯戸集団と新興の掘削開発者側との対立を生む。そこで明治三十三年（一九〇〇）に熱海温泉場特別申合規約を制定。従来の温泉に影響を及ぼす掘削を止《や》めさせ、認可制とした。熱海の状況を受けて静岡県も、熱海や伊豆山、修善寺、伊東、蓮台寺《れんだいじ》温泉等での試掘を認可制にする温泉場取締規則の改定を明治三十八年に行なっている（『熱海温泉誌』）。

箱根では、早川や蛇骨川渓谷崖から浸み出す所に横穴を掘って温泉を採湯することは行なわれていたが、大正末期に地面を垂直に掘る上総掘りが箱根湯本で初めて行なわれた。大正初期に箱根全山で四〇カ所（姥子・芦之湯を除く）にすぎなかった源泉数が、昭和二年（一九二七）の温泉台帳では九三カ所に増えた（『箱根温泉史』）。温泉掘削の許認可の記載も大正十五年（一九二六）に始まっている（『箱根湯本・塔之沢温泉の歴史と文化』）。掘削泉の出現と拡大は、箱根でもこれまでの自然湧出泉や既存の源泉の湧出量の減少をもたらし始めた。

全国的にみて、これは今日なお続く個別の温泉掘削開発の行き過ぎがもたらす影響の序盤にすぎなかったが、自然湧出泉が前提だった日本の温泉状況を大きく変えるものとなった。

## 内務省衛生局と『日本鉱泉誌』

明治政府の行政管轄で温泉は医薬・衛生分野に含まれた。担ったのは明治四年（一八七一）から明治六年まで岩倉具視《いわくらともみ》一行と共に欧米視察に赴いた長与専斎《ながよせんさい》である。各国の医薬・衛生事情を視察して帰国後、長与は国民の保健衛生上重要な同分野を最初に所轄した文部省で医務局長に就任した。そのもとで明治七年から八年にかけて試薬場が東京、京都、大阪に設置された。試薬場では重要な取り組みの一つとして鉱泉・温泉分析を明治七年より開始し、医学校へ送って効能を研究させている（服部安蔵《はっとりやすぞう》「温泉分析変遷史」）。

東京試薬場教師G・マルチンは明治七年（一八七四）八月に熱海の温泉分析を行ない、中島桑太《なかじまそうた》が『熱海温泉考』という小冊子を同年刊行した際、マルチンらの分析表を参考に掲載している。その前の明治五年七月に来日したフランス人医師ジャン・ポール・ヴィダルは同年十月末に熱海を訪れ、温泉調査と分析を行なっている（『温泉』通巻七七〇・七七一号）。江戸時代から続くこうした一連の試みから、明治以降の温泉分析と効能研究が進む。

衛生行政は明治八年（一八七五）から内務省に移り、衛生局が設置されると、長与専斎が初代局長に就いた。明治十四年にドイツで万国鉱泉博覧会が開催されるにあたって、衛生局は全国の鉱泉の調査分析を指示し、日本も鉱泉水や分析表などを出品した。その結果をまとめたものに鉱泉の性質・分類、医治効用や浴法を加え、地図を載せて『日本鉱泉誌』全三巻を明治十九年に衛生局編纂で刊行した。ここに調査分析・掲載された全国府県の源泉は、自然湧出泉時代の状況を一大集約したものとなった。

『日本鉱泉誌』では、温・冷二つに分けた単純泉、酸性泉、炭酸泉、塩類泉、硫黄泉の五種類に泉質を大別した上で、塩類泉を食塩泉、芒硝泉《ぼうしょうせん》、石膏泉、苦味泉《くみせん》等に分け、鉄泉も示している。自然湧出泉が前提のここに掲載されている温泉地は、明治以前から湧いており、大まかながら当時の泉温、成分、泉質の傾向がうかがえる。本来の持ち味がわかって、掘削泉となった現在と比較できる点でも資料価値は高い。ここに掲載された鉱泉地の総数は八八五ヵ所。最大は福島県の八六ヵ所。次が鹿児島県の六九ヵ所、秋田県の五〇ヵ所と続く。東日本が五六二ヵ所を占め、本来の自然湧出時代から温泉資源は東日本優位だったことが確認できる。

### ベルツと温泉療養地計画

明治九年（一八七六）、ドイツ人医学者エルウィン・ベルツが招請により来日し、東京医学校（東京大学医学部の前身）内科教授に就任した。当初二年の契約は明治三十五年まで二六年間に及び、退官後は宮内省侍医を務めている。

明治十二年（一八七九）暮れには熱海・箱根に遠出し、「温泉場を開く計画に関して熱海を研究」と『ベルツの日記』に記した。日本の温泉地初訪問と思われるが、温泉場を開く計画を検討し始めてからは、伊香保をはじめ草津、四万《しま》など北関東の各温泉地を訪れている。ベルツが内務省に提出した建白書をもとに、政府・中央衛生会は明治十三年七月に『日本鉱泉論』を刊行した。

入浴回数の多さ、入浴時間の長さなど日本人の入浴偏重ぶりを危惧《きぐ》したベルツは、飲泉療法の必要性と、温泉の効用には温泉成分のみならず温泉地の気候、日射や乾燥度、高度など環境条件、温泉医の関与の重要性を指摘し、その観点から理想的な環境条件を備えた温泉地計画の必要性を説いた。『日本鉱泉論』第一篇では総論中に熱海、草津、箱根、伊香保に言及し、第二篇では伊香保を主に、熱海についても取り上げて、計画の条件を検討している。

しかし政府には温泉地計画の資力はないと考えたベルツは、温泉地自身が改革に取り組むか試そうとした。伊香保に対しては詳細な調査の上、湯元等への道路や遊歩道整備、遊興本位の現状を変えることを提言している。

明治二十年（一八八七）四月、宮内省に対し、大涌谷から姥子の湯にかけて一大温泉療養地をつくりたいという意見書をベルツは提出。周辺土地約一〇〇町歩の売下げとその他部分一八〇町歩の多年貸付を願い出た。政府の対応は複雑だった。内務省衛生局長の長与専斎は翌明治二十一年八月、意見書への副申として「箱根の離宮を中心とした姥子の湯を買上げ、帝室温泉場として開発」し、山林原野部分は区画を定めて「建築の制を設け、華族その他相当の資格あるものに貸付け、宮内省に於て一切これを管理」「ベルツ氏に計画を任ずるを可とす」とする一方、「いま山中第一の絶勝を放擲《ほうてき》して他人の占有に任ずる」ことをためらっている。

ベルツ自身これを危惧していた。明治二十二年（一八八九）八月五日の日記には、「自分の大規模な温泉場計画も、とうとう宮内省により実現されることになるらしい。だが、どんな形でかは、まだわからない。知りたいのは、政府が自分に対して、どういう態度に出るかだ。できるだけ自分をのけものにしようとするだろうか」（『ベルツの日記』）と心情を吐露している。

とはいえ、宮内省は提言を受け入れ、明治二十二年（一八八九）以降数回にわたり、大涌谷から姥子の湯にかけての土地約一八二町歩を元箱根村と仙石原村両村から約五万円で買上げた（『箱根温泉供給史』）。元箱根村は、さらに姥子の湯周囲の土地約二町歩を宮内省に献納。明治二十三年に姥子の湯を含む大涌谷周辺の村有地約一二〇町歩を二万六〇〇〇円で売却した際に、姥子の湯の営業権・使用権を明治三十四年まで村に認めるという条件を付けている。このように宮内省による買上げは進んだが、結局ベルツの箱根での一大温泉場計画も実現されなかった。

計画は次に草津に向かう。ベルツとのこうしたかかわりから、伊香保も草津もベルツに感謝、顕彰している。ベルツは草津の時間湯をはじめ伝統的な湯治法を評価し、日本の近代温泉医学を切り開き、温泉と環境、気候・転地療法の結びつきを提唱した。海水浴と海浜療養地の重要性を提唱したのも重要である。それは海辺に多い日本の温泉地の優れた特色、環境条件を生かす契機だったが、温泉地の人々には自覚されず、今日に至っている。

## 混浴と浴場への新たな対応

西洋先進国にならい近代化を進める明治政府にとって、混浴は早急に対応をせまられる問題だった。

欧米の目を意識し、政府は内務省・警察主導で明治十二年（一八七九）の東京府湯屋取締規則による「混浴・裸体露出の禁止」を皮切りに、明治三十三年には一般浴場での十二歳以上の男女混浴を禁じた。これは昭和二十三年（一九四八）に施行された公衆浴場法と同法にもとづく都道府県の施行条例に引き継がれている。

公衆浴場は同法第一条で「温湯、潮湯又は温泉その他を使用して、公衆を入浴させる施設をいう」ので、同法の適用を受けない地元住民主体の温泉地の共同湯は例外となる。歴史ある温泉地を持つ道県でも条例に微妙な差があり、神奈川県は「十歳以上の男女を混浴させないこと。ただし、知事が利用形態から風紀上支障がないと認める場合は、この限りではない」として、これまでの温泉入浴慣習に配慮している。

一方、温泉宿に対しては、旅館業における衛生等管理要領で「共同浴室を設ける場合は、原則として男女別に分け……」と指導している。ただし、湯治療養上や共同湯などの伝統的な混浴は現状を追認し、療養とは無縁な観光客中心のはだか混浴を容認する結果となった。

また、混浴か男女別かだけでなく、西日本に多かった身分区分の温泉浴場を入浴料金の差で分けるようになる。嬉野温泉では、明治十二年（一八七九）に改築した公衆浴場の浴室を一等から五等まで入浴料金で分けた。明治二十二年には一、二等を改造して貸切湯の特別最上等を設けた（『嬉野温泉誌』）。以前は身分ある者や裕福な者は貸切の「幕湯」にしたが、その間ほかの入浴客を締め出すので、最初から料金を高くした貸切湯を別に設けるようになる。

藩有だった道後温泉も身分と男女で分けていたが、明治二十二年（一八八九）に道後湯之町《どうごゆのまち》発足後、共同浴場は町有となり、浴客の増加とともに浴場と浴槽の増改築に努めた。明治二十七年、屋上に塔屋《とうや》（振鷺閣《しんろかく》）を持つ木造三層造りの道後温泉本館が完成。翌年入浴した夏目漱石《なつめそうせき》は『坊っちゃん』で絶賛。明治三十二年には皇室専用の浴室「又新殿《ゆうしんでん》」が加わった。

宿の等級区分も広まる。箱根湯本では、内湯を構えた二軒の湯宿は第一等と第三等、内湯を持たず総湯を利用する旅籠は第六等か第七等にランクされた（『箱根熱海温泉道案内』）。熱海は、大湯の源泉を引く権利（湯株）を有して内湯を備えた旧湯戸系の宿が等級では一、二等から四等までを占めた。湯戸系宿は退潮傾向にあり、大湯以外の源泉を使う非湯戸系の宿と新規参入した宿が台頭した。非湯戸系宿は二等から五等まで、新規参入の有力宿は一～三等にランクされた（『熱海温泉誌』）。これらの宿は政府要人や華族、実業家など新顧客層に合わせて、奥行きある三階建てなど多層化の傾向が見られる。多層化旅館建築の隆盛は全国的な傾向であった。

## 4　鉄道が促す温泉地振興

### 延びる鉄道と温泉地

明治以降の温泉地の振興発展に寄与したのは、道路ならびに鉄道網の発達による交通インフラの整備である。明治二十二年（一八八九）に新橋《しんばし》と神戸《こうべ》間が開通した東海道線の延伸につれて、東京・横浜と湘南《しょうなん》・伊豆地域の結びつきが強まる。鉄道で行けない熱海より、大磯や鎌倉方面に足を延ばす傾向も一八九〇年代以降見られた。

そこで熱海は、東海道線国府津《こうづ》駅から馬車鉄道で通じた小田原の実業家の協力を得て、海岸まで切り立つ崖の小田原・熱海間に豆相人車《ずそうじんしゃ》鉄道が明治二十九年（一八九六）三月に開通。小田原・熱海間は一時間短縮し、東京から七時間で行けることになった。大正十四年（一九二五）三月には真鶴《まなづる》から熱海まで熱海線が開通し、乗り換えなしで東京から三時間弱となった。

大変な難工事の丹那《たんな》トンネルが昭和九年（一九三四）十二月に開通。熱海線は東海道線三島駅と結ばれ、熱海線経由が東海道本線となる。これによって熱海への客は増加の一途をたどり、増える旅館や別荘に温泉を供給配湯するため町営温泉事業もスタートした。この観光発展により熱海町は昭和十二年四月に多賀《たが》村と合併して市制をしき、熱海市となる。

箱根では、明治二十一年（一八八八）に国府津と箱根湯本間の小田原馬車鉄道が開通した。明治二十九年には小田原電気鉄道と改称し、大正八年（一九一九）に湯本から強羅《ごうら》間まで延伸させ、強羅から早雲山までケーブルカーを敷設して箱根の交通網を整備した。これに伴い、ベルツの温泉地計画が頓挫《とんざ》した後の大涌谷、仙石原、強羅地区で温泉と分譲地開発を進めた。小田原電気鉄道は昭和二年（一九二七）に新宿《しんじゅく》・小田原間を開通させたので、東京から箱根の山の上まで直結するようになった。

鬼怒川《きぬがわ》温泉（栃木県）では、渓谷に自然湧出していた温泉の利用は難しかった。それが大正時代にダム開発で川の水量が減ると利用しやすくなったが、小規模にとどまっていた。水力発電所資材運搬用の軌道を使って大正四年（一九一五）に下野《しもつけ》軌道ができ、これが東武資本傘下に入って昭和二年（一九二七）に東武日光線と結んで東京・浅草と直結する。これを契機に東武の資本力と交通ネットワークを活かして、日光方面とともに温泉地としての形成発展の流れが培われた。

下呂温泉も飛騨《ひだ》川《がわ》の河原から自然湧出していたが、洪水のたびに泉源の埋没が起きていた。地元湯之島《ゆのしま》区は共同で所有管理してきた歴史をふまえ、大正時代に地区で合資会社を組織して掘削開発を行なった。昭和五年（一九三〇）には高山《たかやま》線が岐阜から延伸して下呂駅が開業。鉄道開通が大きな転機となり、昭和初期に湯之島館、水明館《すいめいかん》といった大型旅館建設が相次ぐ。このため温泉の新たな手当てが必要となり、名古屋の資本家が湯之島区と契約して温泉権を借り受けるかたちで掘削開発を行なった。これによって下呂温泉でも宿の内湯化が進む。

加賀温泉郷の片山津《かたやまづ》温泉は、柴山潟《しばやまがた》の中に温泉が湧出していることが知られても利用は難しかった。明治以降、泉源近い湖畔の干拓工事を行なって利用の道が開かれ、宿ができ始める。大正年間には北陸本線の駅と結ぶ鉄道馬車が開通し、温泉地発展のきっかけとなった。

城崎温泉の温泉資源と入浴施設は明治以降、地元湯島《ゆしま》村から明治二十八年（一八九五）に湯島財産区に移管された。山陰線の延伸に伴い、明治四十二年に城崎駅が開業。人口が多くて豊かな京阪神圏からの客が増大する。これに伴い、湯島財産区では六ヵ所ある共同浴場の改築を行ない、等級に分けた浴槽を増やしている。

皆生《かいけ》温泉（鳥取県）も明治に誕生した大型温泉地の一つである。海岸近い海中に湧き出ていた温泉が土砂堆積による海岸前進で発見され、村が温泉権を入手して村湯を開いた。しかし荒波で泉源が維持できず、外部資本による掘削揚湯《ようとう》と引湯による温泉地開発計画に委ねることになった。計画には、開通した山陰線米子《よなご》駅と結ぶ交通を整備、源泉集中管理による旅館や別荘地、温泉公園と温泉施設など整然と区画割りした温泉街建設を盛り込み、実行に移される。こうして皆生温泉は、大正時代後期には山陰有数の新興温泉地として発展の基礎を築いた。

**鉄道省編『温泉案内』**

全国的な官民鉄道網の拡大を背景に明治三十九年（一九〇六）、鉄道国有法が公布され、官設鉄道と私鉄を統合して国有鉄道ができた。事業主体の鉄道院は大正九年（一九二〇）五月、鉄道省に昇格。この年三月に発刊した『温泉案内』初版は鉄道院の発行だが、鉄道省発足以降は鉄道省編で大手出版社の博文館発行・発売により、戦前を通じたロングセラーとなる。主要鉄道路線ごとに沿線の宿泊施設のある温泉地を紹介し、鉄道を利用した温泉観光の発展に寄与した。

大正九年（一九二〇）刊巻末に薬学博士石津利作《いしづりさく》による温泉療養法を転載した。気候条件や山間部・森林・海浜部など立地や多様な利用法のある温泉地の選び方を勧め、泉質や成分等に応じた効能別に紹介するなど、温泉観光にも健康・療養面での温泉の活かし方を基本にすえている。

内容は年次や改訂版を重ねるごとに充実する。大正九年刊からは東海道線から始まる主要線順に紹介し、最後に北海道の路線沿線の温泉地を紹介する基本スタイルを確立したが、国内にとどまっている。それが日本温泉協会と博文館の翻刻・発行となった昭和六年（一九三一）改訂版では、植民地として併合や統治下に置いた樺太（サハリン）、朝鮮、満州《まんしゅう》、台湾《たいわん》の温泉地も含めている。

その数は昭和六年版で、朝鮮の温泉が一一カ所、満州の温泉が三カ所、台湾の温泉が六カ所、樺太の温泉が五カ所。これが昭和十五年改訂版では、現地での観光開発が進んだことを受け、朝鮮の温泉が二一カ所に、台湾の温泉が一二カ所に増えている。鉄道省編『温泉案内』は結果として、日本の植民地支配時代の温泉地資料として貴重なものとなった。

昭和六年版から索引の後に「効能一覧表」が付く。特定の症状のほか保養・慰安、避暑というくくりもある中、「子宝」の次に「色を白くする湯」として群馬県の川中《かわなか》、松ノ湯《まつのゆ》、和歌山県の龍神《りゅうじん》、島根県の湯ノ川《ゆのかわ》の四温泉地を載せている。川中温泉近くの松ノ湯を、「こゝの湯に入れば男女とも色を白くする奇効があるので美人湯の別名がある」と紹介。これが後に《日本三大美人湯》とうたう典拠と考えるが、本来は《日本四大美人湯》のはずだった。

## 鉄道省後援の新聞社温泉企画

大正から昭和の時代を徐々にまたぎつつある。やはり昭和に入っての温泉イベントではあるものの、鉄道省が後援しているので、ここで取り上げたい。

昭和二年（一九二七）四月、鉄道省後援のもと大阪毎日新聞社と東京日日新聞社が販促を期待して大々的にキャンペーンを行なったのが、温泉を含む「日本八景」の選定である。全国の山岳、渓谷、湖沼、海岸、河川、平原、瀑布《ばくふ》、温泉の八景からそれぞれを代表する第一景を一般公衆から葉書投票で選んでもらう企画であった。八景は中国由来の優れた風景を選ぶ伝統的なくくり方で、新たに日本八景を選ぶということから《日本新八景》とも呼ばれる。

各方面の有識者が選定委員となり、投票で推奨された各風景地を実地調査している。温泉の審査基準には湧出量と泉質を考慮することがとくに付け加えられている。その結果選定された八景を大家が紀行してまとめたものを翌昭和三年（一九二八）に鉄道省が発行、二新聞社で発売したのが『日本八景』だ。選ばれた八景を、瀑布では華厳滝《けごんのたき》を幸田露伴《こうだろはん》、平原では狩勝峠《かりかちとうげ》を河東碧梧桐《かわひがしへきごとう》、海岸では室戸岬《むろとみさき》を田山花袋《たやまかたい》、河川では木曽川《きそがわ》を北原白秋《きたはらはくしゅう》、湖沼では十和田湖《とわだこ》を泉鏡花《いずみきょうか》とそうそうたる大家陣が執筆し、温泉では選ばれた別府温泉を高浜虚子《たかはまきょし》が執筆している。

日本八景では八つの風景ごとに上位一〇位を選び、八景を選んだ後、「日本二十五勝」と「日本百景」も選定した。膨大な投票数の中、一部では組織的集票がなされたらしく、温泉では花巻《はなまき》温泉（岩手県）が二二二万票という驚異的得票数で一位。二位は一〇三万票の熱海だった。得票数も参考に審査の結果、別府温泉が選ばれた。「二十五勝」には熱海、塩原、箱根温泉の三つが温泉として選ばれた。「百景」には登別、花巻、青根、東山、伊東、和倉、山中、片山津、芦原《あわら》（福井県）、三朝《みささ》（鳥取県）、嬉野の一一温泉地が選ばれている。

これに刺激を受けて二年後の昭和四年（一九二九）、国民新聞社が温泉に的を絞った「全国温泉十六佳選」を企画開催した。『国民新聞』紙面に「霊泉名湯くらべ　投票歓迎　わが日本には四百数十の温泉があり、おのおの特色を有してはいますが、泉質、風景、設備、交通その他に於て最も傑出しているのはいづれでありましょうか」と告知。「全国温泉十六佳選」を得票順に決定するとして投票を呼びかけた。

選ばれた温泉地は、得票順に箱根温泉、花巻、下部、日光湯元、瀬波《せなみ》（新潟県）、吉奈《よしな》（静岡県）、老神《おいがみ》（群馬県）、小谷《おたり》（長野県）、鬼怒川、伊豆長岡《ながおか》、玉造、熱海、二股《ふたまた》ラヂオ（北海道二股ラジウム）、大室《おおむろ》（群馬県上牧《かみもく》）、温海、川原湯《かわらゆ》（群馬県）である。

以上の日本八景、日本二十五勝、日本百景、全国温泉十六佳選を見渡すと、温泉番付トップの草津と有馬をはじめ那須湯本、城崎、道後といった著名どころが入っていない。これはあえて投票して集客するまでもないと地元がたかをくくっただけではないと思われる。いずれも共同湯・外湯中心の温泉地ばかり。この時期さらに要望が高まる宿の内湯化の問題と併せて、大衆的な温泉観光時代の到来を前にどう受け入れるべきか思案していたのではないか。

# 第七章　温泉観光の発展と変容
## ――昭和・平成時代

### 1　昭和前期の状況

#### 温泉地の状況と温泉研究の展開

内務省衛生局が大正十二年（一九二三）に発行した『全国温泉鉱泉ニ関スル調査』では、利用者がいる全国の鉱泉地（温泉地）数は一覧表によると「九四六カ所」。最も多いのは長野県の一一四カ所。以下、二位が秋田県の七〇カ所、三位が鹿児島県の六八カ所、四位が新潟県の六四カ所と続く。利用鉱泉地が挙げられていないのは京都、滋賀、沖縄の三府県である。

全国の利用者数は年間平均一六八〇万六九一一人だった。最も多いのは兵庫県の一九四万人である。城崎温泉の利用者数が約一〇〇万人と圧倒的で、うち湯村温泉二五万人、新興の宝塚《たからづか》温泉一三万人、神戸市湊山《みなとやま》温泉二〇万人を占める。ところが最も京阪神に近い有馬温泉は一万三〇〇〇人と少ない。利用者数が一〇〇万人を超すのは熊本、長野、鹿児島、大分、愛媛の五県であった。

続く昭和十年（一九三五）刊の内務省衛生局編『全国鉱泉調査』では、全国の鉱泉地数は八六八ヵ所、源泉総数は五八八九ヵ所となっている。調査対象が暫定的なせいか、鉱泉地数は明治十九年（一八八六）刊『日本鉱泉誌』当時から増えていないが、源泉総数は増えている。各温泉地での掘削開発によるものだろう。

この間、大正十四年（一九二五）に別府市と三朝温泉のある三朝村が目的税の入湯税を初めて課した。温泉観光客の増大に伴う、温泉地の施設の改善整備にあてるのが目的である。昭和七年（一九三二）には熱海町が入湯税条例を発布し、宿泊・滞在者から徴収するようになった。

泉質に放射能泉が新たに加わった。キュリー夫妻による明治三十一年（一八九八）のラジウム発見によるもので、ラジウムのα崩壊から放射性気体エマナチオン（ラドン）が確認され、日本でもラドン含量を調査する温泉再分析が進む。これにより《世界有数のエマナチオン含有量を誇る》増富ラジウム、三朝温泉など放射能泉の温泉地が新たに脚光を浴びた。

大正以降温泉の学術研究が盛んになり、温泉療法や利用を支えていく。昭和四年（一九二九）に半官半民の日本温泉協会が設立され、各分野にまたがって研究を行なう学術部をつくった。大学では、昭和六年に九州帝国大学が別府に温泉治療研究所を設立。その後北大が登別に大学分院、阪大が白浜に温泉療養所、岡山医科大学（岡山大学医学部の前身）が三朝温泉に研究所を設けている。学会では、昭和十年に日本温泉気候学会（日本温泉気候物理医学会）が、自然科学分野で昭和十四年に温泉科学会が設立され、これらの分野での温泉研究が進んだ。

先の『全国温泉鉱泉ニ関スル調査』で利用客数が最も多い上位二〇位のうち、宿に内湯がなく外湯の共同浴場のみの温泉地が、第一位の道後、二位城崎、四位山鹿、五位武雄、八位湯村と八カ所を占めていた（高柳友彦《たかやなぎともひこ》「近代日本における資源管理─温泉資源を事例に─」）。外湯と泉源を管理していたのは、当該町村または地元住民や宿営業者がつくった会社・組合である。

旅館数も利用者も多かった温泉地で、外湯の共同浴場主体の所が依然保たれていた。しかし鉄道の発達で温泉観光客が増大し、旅館数がさらに増えると、宿に引湯して内湯を設けたいという要望は高まる一方となる。この時期は内湯化をめぐっても転換期にきていた。

## 宿の内湯化をめぐる問題

山中温泉も、共同浴場の総湯脇の泉源のみでは湯量不足のため、各旅館に内湯を設けることは実現しなかった。それがもう一ヵ所、地質調査中に近くの旅館敷地内に湧く源泉の存在が明らかになり、旅館業者間に内湯への要望が高まった。これを受けて昭和五年（一九三〇）に山中町が旅館内源泉の供給・使用権を得て、内湯化を実施しようと内湯配給所を設置。湯量を増やすために近くを掘削動力揚湯したところ、当の旅館源泉の水位が低下して、原状回復を求める裁判となった。その間に山中温泉大火が起きたため、昭和七年に和解している。

山中温泉は共同浴場への配湯最優先で宿の内湯化を進めた。明治以降、泉源とその配湯権を持つに至った山中町が、これまで旅館業者の山中鉱泉営業組合が管理していた共同浴場も担うようになり、歴史ある共同浴場が山中温泉に占める役割、立場の低下は否めなかった。

外湯の共同浴場のみというほかの有力温泉地でも、宿への配湯による内湯化は昭和戦前期にはなかなか進まなかった。理由は山中温泉同様に、泉源と湧出量が限られており、新規に掘削した場合の開発主体はだれになるのかという問題が一つ。加えて、何より既存泉源と湧出への影響をおそれた。さらに、たとえ泉源が複数あって湧出量が豊富な場合でも、入浴の場は温泉地全体で共同利用する慣習や文化が深く根づいていたことが挙げられる。

先の『全国温泉鉱泉ニ関スル調査』で利用客数第一位の道後、二位の城崎温泉も、昭和戦前期には内湯化は問題外だった。道後で周辺旅館に内湯ができるのは、戦後の昭和三十年（一九五五）になって掘削開発が成功し、新泉源が誕生してからとなる。

城崎では複数の泉源を湯島財産区が一括管理し、入浴の場は六ヵ所の外湯のみだった。そこへ昭和二年（一九二七）に一旅館による内湯設置の申請が出され、湯島財産区と裁判で争った。結局、和解成立は昭和二十五年。裁判では勝訴した旅館側が町・湯島財産区に対して、「地域共同体による温泉利用権の専有と温泉利用の全面的管理を承認した」（『川島武宜《かわしまたけよし》著作集』第九巻）。その後兵庫県の補助も受けて、町・湯島財産区として温泉掘削に取り組み、湧出量のある新規の泉源を得た昭和三十一年以降に内湯化が始まった。

有馬温泉には泉質として炭酸泉や放射能泉もあるが、主となる含鉄－強食塩泉の泉源は一つで、有馬町が管理する外湯のみで利用してきた。しかし湧出量の減少をみたことから、新規掘削の必要にせまられ、昭和十六年（一九四一）に町と神戸有馬電気鉄道の共同出資で温泉掘削の会社を設立し、翌年に有明《ありあけ》泉源を掘削開発して摂氏八〇度以上の高温泉を得た。

しかし戦前には内湯化は実現しなかった。有馬町が管理してきた泉源と浴場は、戦後の昭和二十二年に合併した神戸市に引き継がれ、一九五〇年代に市が天神《てんじん》泉源や御所《ごしょ》泉源、極楽《ごくらく》泉源など相次いで新規掘削して高温泉を確保してから、有馬でも内湯化の時代が到来したのである。

## 2 戦争の時代と温泉

### 帝国軍隊の温泉・転地療養所

昭和の前半はまた、戦争の時代であった。その中で温泉と温泉地はどのような役割を与えられたのだろうか。

帝国軍隊と温泉のかかわりは明治に始まる。最初は兵士に蔓延《まんえん》した脚気病《かっけびょう》に対する治療法のなさから温泉地などでの転地療法が期待された。脚気はビタミン$B_1$欠乏によって起こる栄養障害の病気であることは今や常識だが、当時は原因不明とみなされ、とくにドイツ医学に影響された陸軍は伝染病説や中毒説に固執していた。帝国軍隊は、胚芽《はいが》を取り除いた白米偏重で、おかずの乏しい食事だったので、ビタミン$B_1$が不足した。欠乏症になると、全身の倦怠感《けんたいかん》とともに手足がしびれ、下肢が重くなって爪先が上がらなくなり、転びやすく歩行困難になる。戦力以前の状態に陥り、息切れや心臓肥大を伴い、衰弱して死亡率は高い。

イギリス衛生学を学んだ高木兼寛《たかきかねひろ》海軍病院長・医務局長のもとでいち早く兵食改善に取り組み、発症を見なくなった海軍に対して、帝国陸軍では病死者に占める脚気病死者の割合は、明治十一年（一八七八）で六割、一時米麦混食を採用して以降の明治二十一年で依然二割を占めた。戦地で白米食を再び徹底させた日清《にっしん》戦争（一八九四～九五）時には、陸軍省医務局公式記録で入院患者の約四分の一を占め、戦死者の四倍強の死者を生んだ。日露《にちろ》戦争（一九〇四～〇五）では惨状に拍車がかかった。脚気の統計数字は「軍事上ノ関係ニ因《よ》リ」（『明治三十七八年戦役陸軍衛生史』）と機密扱いされてしまう。

　このように栄養障害が主因なのに、転地療養所で効果がはたしてあったのかというと、「此《この》病ニシテ奇験ヲ奏スルハ独リ転地療法ノミ」（『陸軍省第一年報』明治八年七月～九年六月）と記すとおり、改善効果のあったことが報告されている。温泉の一般的適応症（浴用）に「運動麻痺《まひ》による筋肉のこわばり、末梢《まっしょう》循環障害」も挙げられるが、これらは脚気の症状としても表れる。さらに脚気は夏場に発症しやすかったが、療養地の気候条件の変化や、自然環境の良さから屋外歩行訓練のしやすさといった転地療法につながる要素も加わる。そして最大の要因は温泉地など転地療養先での食事内容の変化が挙げられよう。

　温泉地の転地療養所で最も早いのは、香川県丸亀《まるがめ》の陸軍予備病院が明治二十七年（一八九四）十一月に開設した塩江《しおのえ》温泉である。湯河原には明治二十八年六月から約九カ月間開設された。日清戦争時には全国二五カ所（西川義方『温泉と健康』）の転地療養所が開設され、うち温泉地は湯河原のほか浅虫（青森県）、青根、遠刈田《とおがった》、小原《おばら》（ともに宮城県）、出湯《でゆ》（新潟県)、塩江、武蔵《むさし》(二日市《ふつかいち》温泉)、嬉野、栃木《とちのき》(熊本県)の一〇ヵ所を数える。

それが日露戦争時には明治三十七年六月以降設置した転地療養所の数はさらに増えて全国五四ヵ所、温泉地は二八ヵ所と半数以上を占めた。新しく加わった温泉地は登別、碇ヶ関《いかりがせき》(青森県)、川渡《かわたび》と鎌先《かまさき》(宮城県)、飯坂《いいざか》(福島県)、塔之沢、熱海、伊豆山、修善寺、和倉、山中、有馬、城崎、岩井、美又《みまた》と有福《ありふく》(島根県)、湯野《ゆの》(山口県)、道後、船小屋《ふなごや》(福岡県)、古湯《ふるゆ》(佐賀県)、別府、日奈久《ひなぐ》の二二ヵ所であった。

以上は期間を区切った一時的措置で、旅館借り上げ方式だったが、明治四十一年(一九〇八)三月に衛戍《えいじゅ》病院条例を改正して分院を設置できるようにした。直轄の常設施設に転換して、療養患者をより管理しやすくするためである。こうして全国五ヵ所に分院を設立。うち飯坂、熱海、山代、別府の四ヵ所を温泉地が占めた。昭和十二年(一九三七)七月、日中戦争が勃発すると、衛戍病院分院にとどまらず、温泉地が再び転地療養所として拡大利用された。戦国時代の隠し湯ならぬ、国家による温泉地の療養利用である。

箱根では昭和十七年(一九四二)四月、湯本温泉に臨時東京第一陸軍病院箱根臨時転地療養所が開設され、昭和十九年一月に臨時東京陸軍病院箱根分院と改称した。開設当初は本部を置いた旅館のみが病舎だったが、戦局の拡大で傷病兵が増えると施設を増やし、分散施設は塔之沢温泉を含む旅館九軒をあてがい、収容患者数は延べ概数で一六八〇名に達した。旅館ゆえ病室は畳敷きが基本で、一部はベッド式にした（『箱根温泉史』）。大涌谷から温泉泥を採取して、患部に塗布し、泥浴を行なうなど温泉泥治療法にも取り組んでいる。これは身体を深部からよく温めて保温効果も高く、骨折や打撲、リウマチ等に効果があった。また、比較的元気な傷病兵は原隊復帰を予想して体練に努め、遠出の外出訓練も行なった。

箱根湯本・塔之沢温泉にまたがる箱根分院は昭和二十年（一九四五）十二月一日、正式に閉鎖された。「総指揮官が軍医官であった箱根分院では統制が失われて、元気な傷病兵はいち早く無断で帰郷し、各宿舎には重病患者だけが残された。やがてこの四〇〇名は、三昧荘《さんまいそう》に集められ、その他の旅館は九月三十日分院宿舎指定を解除された。その後重症患者は、医療器材と共に、トラックで熱海陸軍病院に移された」（『箱根温泉史』）という最後だった。ほかの温泉地に設置された分院、転地療養所もおそらく同様にその役割を終えたことだろう。

### 温泉で強兵づくり

戦争の時代には温泉利用そのものが健康・体力づくり、体位向上をとおして戦時国家に尽くそうという厚生運動の一環として位置づけられた。日本温泉協会が昭和十六年（一九四一）十月に発行した機関誌『温泉』に載せた一文「人口国策と温泉」が端的に示している。

その中で、「近来日本の人口は段々減少の趨勢を示して来て皇国の将来に憂うべき事態を認むるに至った」「お互の躰《からだ》を丈夫にして病気にならないように気を付けて……お国の為になると同時に、人口増殖に付いての御奉公をして頂かなければならぬ」と指摘。そのためには「温泉も亦《また》『療養より厚生へ』を目ざして経営されねばならぬ時代……少数の病者を癒やすことよりも、国民全体の健康を保持させ、体位を向上せしめて、未然に病患を防ぐことの方が国家的に遥《はる》かに意義あること……その重大な役割を果たす上に於て、温泉ほど自然にして快適なるものはない」ので、温泉地はその使命を達成できるよう努めるべきだと述べている。

元気で体位向上した国民人口の増加は兵力増につながり、「国家総力戦の遂行上……お国の為」になるから人口国策上も温泉地は貢献すべきだ、というのが主旨である。

この頃、新潟県松之山《まつのやま》温泉の一温泉旅館では「温泉報国・健康報国」を唱えていた。草津温泉組合発行リーフレットも国民精神総動員をうたい、「銃後の保健に」と温泉をアピールする（関戸明子《せきどあきこ》『近代ツーリズムと温泉』）。湯の街草津と題しても、絵柄は浴衣がけの浴客ではなく、草津白根山を仰ぐ山登りのカップルを描く。厚生運動への協力姿勢を表している。

温泉地滞在と温泉利用はもはや保養一般、慰安・歓楽目的ではなかった。片や、軍隊の療養所として用いられ、もう一方では、銃後の国民の保健目的、積極的な健康増進という厚生運動として奨励され、国家総力戦に組み入れられたのである。

## 学童集団疎開の受け入れ

さらに戦局が悪化すると、温泉地は結果として本来のありようにふさわしい任務を担わされることになった。学童集団疎開の受け入れである。

学童疎開はドイツ、イギリスでも実施された。しかし日本では学童を守るためよりは戦争遂行上、「防空の足手まといを去って、防空態勢を飛躍的に前進せしめること……次代の戦力を培養する」（全国疎開学童連絡協議会編『学童疎開の記録Ⅰ　学童疎開の研究』）のが主目的なので、取り組みは遅れ、敗戦の直前になって準備不足のまま泥縄式に実施された。

昭和十七年（一九四二）四月十八日の米空軍による本土初空襲後、翌年十二月十日に文部省は東京、大阪、横浜等の大都市に住む学童の縁故疎開促進を発表。昭和十九年五月以降は縁故のない学童が利用する施設「戦時疎開学園」を順次開設した。同年六月、米軍がサイパン島に上陸。B29による北九州爆撃が行なわれる中、六月三十日に学童疎開促進要綱を閣議決定したが、国民の動揺を抑えるため「極秘」とされた。七月二十日に東京、横浜、川崎、名古屋、大阪、神戸など学童集団疎開を実施する一三都市を指定。約四〇万人の疎開を想定していた。

温泉療養を必要とした傷病兵と異なり、学童疎開に温泉は前提ではない。しかし地方で大

表3　学童集団疎開を受け入れた温泉地

| 府県名 | 温泉地名 | 疎開元 |
|---|---|---|
| 青森県 | 大鰐 | 東京都 |
| 岩手県 | 志戸平、湯川 | 東京都 |
| 宮城県 | 鳴子温泉郷、秋保、遠刈田、鎌先、小原 | 東京都 |
| 秋田県 | 大滝 | 東京都 |
| 山形県 | 温海、湯田川、湯野浜、瀬見、赤倉、赤湯、上山、蔵王、湯田、東根、小野川 | 東京都 |
| 福島県 | 岳、会津西山、沼尻、中ノ沢、横向、熱塩、川上、翁島、いわき湯本、磐梯熱海、飯坂・湯野、東山、芦ノ牧、湯野上、母畑、土湯、高湯 | 東京都 |
| 茨城県 | 袋田 | 東京都 |
| 栃木県 | 鬼怒川、川治、塩原温泉郷 | 東京都 |
| 群馬県 | 草津、沢渡、四万、川原湯、水上、谷川、大穴、猿ヶ京、湯宿、湯檜曽、川場、老神、伊香保、磯部、八塩 | 東京都 |
| 神奈川県 | 箱根温泉郷、湯河原 | 横浜市 |
| 新潟県 | 出湯、瀬波、湯田上、湯沢、赤倉、妙高 | 東京都 |
| 富山県 | 宇奈月 | 東京都 |
| 石川県 | 山代、山中 | 大阪市 |
| 福井県 | 芦原 | 大阪市 |
| 山梨県 | 下部、塩山、湯村 | 東京都 |
| 長野県 | 湯田中、渋、角間、安代、上林、野沢、戸倉、上山田、上諏訪、下諏訪、鹿教湯、別所、沓掛、田沢、山田、浅間、里山辺（美ヶ原） | 東京都 |
| 静岡県 | 熱海、伊東、伊豆長岡、船原、修善寺、土肥 | 東京都 |
| 岐阜県 | 下呂 | 名古屋市 |
| 京都府 | 木津 | 舞鶴市 |
| 兵庫県 | 有馬、城崎、湯村、浜坂 | 神戸市・尼崎市 |
| 鳥取県 | 岩井、吉岡、三朝、浅津（羽合） | 神戸市 |

全国疎開学童連絡協議会編『学童疎開の記録Ⅰ』第Ⅲ部「学童集団疎開先一覧表」にもとづき、疎開先から温泉地を筆者が調査・抽出して一覧にした。

勢の学童を収容できる能力を備えているのは温泉地が主だったから、結果として疎開学童を多く受け入れたし、温泉地の受け入れ態勢にはめざましいものがあった。

学童疎開中最大の約二〇万人を占めたのが東京都である。疎開先は東京多摩郡部に加えて、神奈川を除く近隣県から甲信越北陸、東北地方まで計一七都県で、受け入れ温泉地は一四県の九三温泉地に及ぶ。その中で単一温泉地として最大級の四〇〇〇人近い学童を受け入れたのが草津温泉で、温泉郷では鳴子が最大級の六〇〇〇人以上を受け入れた。続くのが湯田中渋温泉郷、浅間《あさま》（長野県）、熱海、伊香保で、受け入れ学童数は二〇〇〇から三〇〇〇人台に達した。

神奈川県では横浜、川崎、横須賀《よこすか》の三都市の国民学校が集団疎開の対象で、箱根はそれによって横浜市の約二万五〇〇〇人とされる学童の受け入れ態勢を整え、各温泉地の旅館への割り当てを決めた。受け入れ学童数は約七〇〇〇人で、湯河原温泉も横浜市の学童を受け入れている。

以上の全国主要都市の学童集団疎開を受け入れた温泉地を示した（表3）。受入温泉地は二一府県にわたり、鳴子温泉郷の四温泉地（鳴子、東鳴子、中山平、川渡）、箱根温泉郷の一〇温泉地（湯本、宮ノ下、堂ヶ島、底倉、小涌谷、強羅、仙石原、姥子、芦之湯、元箱根）を合わせると総計一一六温泉地となる。これ以外にも数多い縁故疎開者が地方の温泉地にいたことだろう。戦争末期の約一年間、数多い温泉地が学童を受け入れ、爆撃による生命の危険を避ける避難所となったことは、日本の温泉史にとって忘れてはならない事実である。

## 3　戦後の温泉観光と温泉地の発展

### 米軍統治下の温泉地と再出発

戦時中、国内各都市は激しい空襲に見舞われたが、ほとんどの温泉地は小さな都市や町か郊外・山間部に立地し、軍事施設や軍需生産工場はなかったため、空襲を受けなかった。比較的大きな温泉都市である別府も熱海も戦災はまぬがれた。

敗戦後の昭和二十年（一九四五）九月三日、箱根に米軍将校が姿を現し、宮ノ下温泉の富士屋ホテルをはじめ温泉ホテルや施設を接収した（『箱根温泉史』）。接収ホテルは主に上級将校の保養施設として利用され、首都圏に近い箱根の各温泉地に一般将兵が保養慰安に訪れるようになった。箱根に療養していた陸軍病院箱根分院患者の撤収と、集団疎開していた学童の引き揚げ実施と並行して事は進んだ。

熱海では山王《さんのう》ホテルに米軍憲兵隊が駐屯、二カ所の温泉ホテルが「進駐軍専用」として接収され、ほかにＧＨＱ（連合国最高司令官総司令部）指定旅館が選ばれた。熱海は米軍将兵の慰安の場となる。これは「敗戦直後に日本政府が要請をして東京都内の接客業者を糾合し、占領軍の第一陣が厚木《あつぎ》飛行場に降り立ったその日に合わせて開設された特殊慰安施設協会（ＲＡＡ）の存在」（『熱海温泉誌』）があり、ＲＡＡの施設を熱海と箱根につくったことが背景にあった。

箱根や熱海のこうした状況は、サンフランシスコ講和会議で調印した対日平和条約と日米安全保障条約が昭和二十七年（一九五二）四月二十八日に発効したのに伴い、ポツダム緊急勅令廃止法が施行され、占領体制が終わると解除された。戦後のひと時代が終わり、温泉地は新たな誘客と温泉観光振興に力を注ぐことになる。

別府では昭和二十五年（一九五〇）に別府国際観光温泉文化都市建設法が成立した。伊東も、そして熱海も同年四月に市内四分の一が壊滅状態になった大火からの復興をかけて、八月に熱海国際観光温泉文化都市建設法を施行させた。その後、観光協会が発足したのも共通している。

その間、昭和二十三年（一九四八）七月に温泉法が公布された。それまで温泉行政は地方長官（知事）の制定した温泉・鉱泉取締規則等にもとづき、警察が取締実務を担っていた。それを国の法律としてはかることにして、都道府県知事の諮問機関として新たに温泉審議会を設けた。

### 高度成長期の温泉地

戦後の日本が経済復興を果たせたのは、日本が長く植民地とした朝鮮半島で昭和二十五年（一九五〇）六月から三年間続いた朝鮮戦争特需のおかげだったのは事実である。こうして昭和三十年頃から昭和四十八年の石油危機まで続く高度成長が準備された。

景気回復で会社の慰安旅行や招待など団体旅行が盛んになり、一泊二日型の宴会を伴う温泉旅行が広まる。新婚旅行も盛んになった。当初は伊豆半島など首都圏から近い温泉地に始まり、旅行会社が乗り物から宿まで旅行をセットするようになった。戦後の平和産業育成のために、政府も観光産業振興に法整備と税制上の優遇措置をもって支援した。昭和二十四年（一九四九）には早くも国際観光ホテル整備法を制定し、政府資金融資の道を開いている。

温泉地の宿泊客や観光客数は増大の一途をたどった。この時期を代表する三大温泉観光エリアを見ると、別府市では昭和三十二年（一九五七）度で約二五二万人だった観光客数が、四年後には約五八〇万人と倍増している（『別府温泉史』）。箱根町では昭和三十五年度の宿泊客数約一八九万人、観光客総数約九五〇万人が、昭和四十七年には宿泊客数四八八万人、観光客総数二一五三万人というピークに達した。これは昭和二十五年に小田急が箱根湯本駅まで乗り入れして、ロマンスカー運転により新宿から一時間四〇分で結び、観光客の足をより便利にしたことが大きい。各温泉地では旅館ホテルの新築・増改築が進んだ。昭和四十二年に二二七軒、収容人員一万八一三四人だったのが、昭和四十八年には二二一軒と旅館ホテル数は増えていないのに、収容人員は二万一六二一人に増えている（『箱根温泉史』）。

熱海市では、宿泊客数は昭和三十二年（一九五七）度の約二四〇万人が七年後には五〇〇万人を超え、昭和四十二年には約五九七万人のピークに達した（『熱海温泉誌』）。観光客数は昭和三十六年度に別府の倍近い一〇〇〇万人を突破している。収容人員は昭和三十六年度に日本観光旅館連盟加盟旅館にかぎってみても約一万八〇〇〇人で、昭和三十二年度から三十九年度までの七年間で八七〇〇人増えている（『熱海市史』）。その割には、箱根同様に旅館数は増えておらず、増改築による宿泊施設の大型化を物語っている。

全国の温泉状況は、環境省の温泉利用状況統計によると、高度成長期初期の昭和三十二年（一九五七）度で、全国の宿泊施設数は七五五六軒、収容定員は三〇万二〇四一名、延宿泊利用人員数は四〇七〇万一八一二人だった。それが高度成長期の最後にあたる昭和四十八年度に宿泊施設数はほぼ倍増の一万四〇〇六軒、収容定員は九三万九九七二名、延宿泊利用人員数は一億二一四六万三二七二人と、どちらも三倍に増えている。

観光客数や宿泊客数に示される温泉観光の隆盛と、宿泊施設数や収容定員に示される温泉地の設備・施設拡張は、高度成長期を通じて一貫して右肩上がりだった。この傾向は一九九〇年代はじめのバブル崩壊以降の時期まで持続している。延宿泊利用人員数がピークに達したのは平成四年（一九九二）度の一億四三二四万六二六六人、宿泊施設数のピークは平成七年度の一万五七一四軒で、それから今日まで減少傾向が続いている。

### 掘削拡大と循環湯、集中管理

温泉観光の発展を支える温泉資源は掘削開発に依存していた。浴槽も広げ、湯量の手当が問題になった。大勢の人が利用する浴槽の衛生管理の必要性と相まって、浴槽に注入した湯を濾過《ろか》や殺菌処理して再び浴槽に戻して使う循環濾過方式の浴槽が一般化していく。

この時期の温泉状況の推移について、昭和二十九年（一九五四）刊の厚生省大臣官房国立公園部編『日本鉱泉誌』に「源泉総数約七〇〇〇」「本邦の著名温泉（地）一一四八」という、戦後初集約の数字が載っている。温泉利用状況統計では、昭和三十七年度で全国温泉地数が一五一八カ所、源泉（泉源、湯元）総数は一万三〇七九本という数字のみわかる。翌三十八年度から総湧出量が記載され、毎分九三万一一〇リットルとある。一般家庭の浴槽は約二〇〇リットルで満杯になる。毎分何万リットルという湧出量のすごさが想像できるだろう。

これらの数字も一貫して右肩上がりとなる。昭和四十五年（一九七〇）度からは総湧出量を、自然湧出泉と掘削自噴泉を合わせた自噴湧出量と、掘削後動力で汲み上げる動力揚湯泉の動力湧出量の二つに分けて示すが、この時期すでに動力揚湯湧出量が掘削自噴湧出量を上回り、差はそれ以降開く一方だ。源泉総数のピークは平成十八年(二〇〇六)度で二万八一五四本。総湧出量のピークは平成十九年で毎分二七九万九四一八リットル。動力湧出量が一九七万七九八〇リットルで七割を占め、自噴湧出量は半分にも満たない三割弱しか占めていない。

これは温泉資源が新規の掘削開発に依存し続けてきたこと、それも掘削後自力で地上に湧き上る掘削自噴泉ではなく、ポンプアップしないとだめな動力揚湯泉が圧倒的になった状況をよく表している。掘削自噴泉は総湧出量がピークになるより八年も早く、平成十一年(一九九九)度にピークに達していた。

この流れに、温泉がなかった地域や大都市圏に一九八〇年代以降増える日帰り温泉施設が拍車をかけた。延宿泊利用者数は平成四年(一九九二)度をピークに減少し続けていたが、日帰り温泉施設など温泉利用の公衆浴場数は年々着実に増えている。温泉を手軽に利用する一方、温泉地へ落ちる金は減る。とくに竹下《たけした》内閣時代(一九八七〜八九)のふるさと創生一億円事業で掘削して公共温泉施設をつくった自治体も参入し、日帰り温泉施設の大型化をもたらす。こうした大型温泉施設の中には、濾過循環湯という方式に安易に依存して、ふだんの浴槽清掃と湯の入れ替え、衛生管理を怠り、レジオネラ感染症を招く事例も目立つようになった。

一方、温泉旅館・施設が多い温泉地では、互いの掘削開発が源泉の相互干渉を生んで全体的な水位低下を招き、それがさらに乱開発競争を促す悪循環に陥る例が顕著になる。この解決策と、また時間帯や季節、宿・施設による使用量の違い等による源泉需給のバランスをとるために導入されたのが、源泉の集中管理である。

一例として下呂温泉では、高度成長時代に掘削による水位や湧出量の低下が著しくなった。しかし所有者の異なる泉源を集約して集中管理にふみきるには合意形成に時間を要する。下呂では一五年の歳月をかけ、泉源を一四ヵ所に絞って昭和四十九年（一九七四）から集中管理にふみきり、全体の湯量を十分カバーする総湧出量を確保している。

集中管理の成功には、泉質や温泉の特色が共通していること、以前から財産区などがあって共同管理の歴史があること、自然湧出泉などの自家源泉は除くことなどが条件に挙げられる。財産区や温泉組合、地方公共団体が主となって源泉の集中管理を行なっている所は、平成十四年（二〇〇二）で全国一一八温泉地を挙げられる（『温泉必携』改訂第九版）。

## 4　客層と温泉志向の変化

### 団体・慰安旅行型温泉地の後退

高度成長時代を代表する熱海は、入湯税をもとにした市統計によると昭和四十九年（一九七四）に最多宿泊者数の四九〇万人に達した。昭和五十〜六十年代を通じて四六〇万〜四三〇万人台を維持したが、平成五年（一九九三）には四〇〇万人台を割って三八三万人に、平成十四年には三〇〇万人台を割って二九八万人となった。

別府も、宿泊者数四〇〇万人台から右肩下がりが続く。別府市の独自集計から観光庁の全国的な新基準にそろえ直した平成二十二年（二〇一〇）には、二三二万人に下がった。

一方、箱根は下がっていない。バブル崩壊以降も宿泊者数でトップを保っていることが、温泉利用状況統計の延宿泊利用人員をもとに温泉地（郷）単位で集計した日本温泉協会の「温泉地宿泊者数ベスト100」に示される（表4）。各温泉地（郷）の順位の変遷は、バブル崩壊以降今日に至る温泉利用者の温泉志向をかなり反映したものと考えられる。

一位を保つ箱根温泉郷に続き、二位は別府だったが、全国基準にそろえた平成二十二年（二〇一〇）に熱海と入れ替わった。それまで三位には熱海か鬼怒川・川治《かわじ》温泉が、四位と

表4　温泉地宿泊者数ベスト6

| 順位 | 平成2年（1990年） | 平成6年（1994年） | 平成12年（2000年） | 平成16年（2004年） | 平成22年（2010年） |
|---|---|---|---|---|---|
| 1位 | 箱根温泉郷 | 箱根温泉郷 | 箱根温泉郷 | 箱根温泉郷 | 箱根温泉郷 |
| 2位 | 別府温泉郷 | 別府温泉郷 | 別府温泉郷 | 別府温泉郷 | 熱海 |
| 3位 | 熱海 | 鬼怒川・川治 | 熱海 | 熱海 | 別府温泉郷 |
| 4位 | 鬼怒川・川治 | 熱海 | 鬼怒川・川治 | 伊東 | 伊東 |
| 5位 | 伊東 | 伊東 | 伊東 | 鬼怒川・川治 | 草津 |
| 6位 | 白浜 | 白浜 | 白浜 | 草津 | 鬼怒川・川治 |

五位には伊東と白浜が入っていた。その過程で、団体客の慰安旅行先だった鬼怒川・川治と白浜が後退するなど、全体に高度成長時代の観光・歓楽温泉地の低落傾向が目立つ。これは六位以下にも言えて、石和《いさわ》・春日居《かすがい》温泉（山梨県）は平成二年の一七二万人が平成二十二年には一一八万人に、主に関西圏からの団体・慰安旅行先だった加賀温泉郷の山代・新加賀温泉と片山津温泉は平成二年にそれぞれ一五八万人、一〇二万人だったのが、平成二十二年には八三万人、三八万人と宿泊客数を大きく下げている。

熱海を例に高度成長期の昭和四十六年（一九七一）の観光客の内容・属性をみると、男性客が六六％、職業はサラリーマンが六八％、団体が五五％を占めた（『熱海温泉誌』）。それが平成二十六年（二〇一四）には女性客が五七％と上回り、サラリーマンが五一％に下がる一方で、主婦層が二一％に上昇。団体が七％に激減し、同行者は家族五八％、友人知人二九％と、個人グループ客が圧倒的になった。宿・施設に温泉付ペンションが多く、個人グループ客が占める割合の高かった伊東温泉もずっと上位をキープしている。そして、大型宿泊施設が少ないため団体客向きでなかった草津温泉が五位に上昇してきたことも、温泉客層の転換を表している。

## 温泉志向の変化

日本温泉協会が昭和三十四年（一九五九）から平成二十八年（二〇一六）まで毎年開催してきた「旅と温泉展」入場者への三〇〇〇名規模のアンケート調査によると、温泉地選定の理由を九項目から複数回答で挙げた回答結果では、男女・年齢に関係なく、「自然環境、温泉情緒、温泉そのもの」という三つの要件がバブル崩壊以降ずっと上位を占める。温泉地に何を求めて旅行するかの回答では、自然環境、温泉情緒、やすらぎの三つの志向が同じく上位を占める。ここには、「温泉そのもの」など気にもかけず、大勢で宴会して遊興施設を回遊した時代の片鱗《へんりん》すら見えない。温泉地の自然環境や、温泉街から醸し出される温泉情緒を味わい楽しみ、温泉そのものの良さを堪能することで安らぐという温泉志向になっていることを示している。

アンケートは「今まで訪れた温泉地の中で最も印象の良かった温泉地」と「今後最も行ってみたい温泉地」の回答も集約している。前者の「最も印象の良かった温泉地」の平成八年（一九九六）の結果は、一位草津、二位下呂、三位登別、四位箱根、五位伊東、六位別府、七位野沢、八位白骨《しらほね》（長野県）、九位伊香保、一〇位四万の各温泉地。平成二十八年には一位草津、二位箱根、三位下呂、四位道後、五位別府、六位乳頭《にゅうとう》温泉郷（秋田県）、七位熱海、八位は伊香保と登別、一〇位有馬となった。

後者の「最も行ってみたい温泉地」では、平成八年（一九九六）は一位下呂、二位登別、三位別府、四位草津、五位白骨、六位由布院《ゆふいん》（大分県）、七位水上《みなかみ》温泉郷（群馬県）、八位伊香保、九位乳頭温泉郷、一〇位道後。それが平成二十八年には一位草津、二位道後、三位下呂、四位別府、五位に有馬と乳頭温泉郷、七位に八幡平温泉郷（秋田県）、伊香保、黒川《くろかわ》温泉などの南小国《みなみおぐに》温泉郷（熊本県）、一〇位に箱根が入っている。

高度成長期やバブル期には脚光も浴びなかった、温泉そのものの良さで評価の高い地方の名湯や秘湯系の温泉地が上位に挙がっている。その傾向は近年さらに顕著で、人気温泉地として定着している。この中でアンケート一位の草津は、先の宿泊者数でも五位に上昇し、自然環境、温泉情緒、温泉そのものの三要件とも卓越している。掘削・動力揚湯時代に希少価値となった膨大な湧出量の自然湧出泉ですべてをまかない、泉質は日本の優れた特色の強酸性泉だ。湯畑の景観が訪れる人を魅了し、現在の温泉志向を満たす温泉地の象徴と言えよう。

首都圏からの交通の便にも恵まれ、宿泊者数連続一位の箱根も同じだ。国立公園内で自然環境は豊かでバラエティーに富む。個性的で多様な温泉郷として、温泉志向の変化にも対応できている。

平成十六年（二〇〇四）に温泉偽装問題が起き、浴槽の実態や情報開示に不信を抱いた利用者の源泉志向をさらに促すことになった。温泉本にも秘湯、源泉志向は強く反映され、泉質や湯の色、《源泉かけ流し》を特集に打ち出すようになった。社会の関心の高まりを背景に、環境省は中央環境審議会に温泉小委員会を設置。平成十七年に温泉法施行規則を改正し、温泉事業者は温泉に加水、加温、循環濾過、入浴剤の添加や消毒を行なっている場合は理由を含めて掲示することを義務付けた。これは利用者への温泉情報公開の一歩となる。

平成十九年（二〇〇七）六月には東京・渋谷の温泉施設で、汲み上げた温泉に混じる天然ガスによる爆発死亡事故が起きた。これを受けて、温泉法に「温泉の採取等に伴い発生する可燃性天然ガスによる災害を防止」するという目的が新たに加わり、翌年改正された。こうした温泉の提供と利用にかかわる問題として、泉源地や温泉に含まれて浴室内や窪地にこもる硫化水素ガスによる死亡事故も起きていることから、その対策も重要になった。事件や事故が温泉関連規則や温泉行政指針の改訂を促すという流れが続いているのである。

# 終章　日本の温泉はこれからどうなるのか

## 温泉開発の限界

温泉が天与の恵みと慈しまれた時代は遠くなった。掘削開発は利用を増やすことに貢献したが、自噴泉を減少させ、水位と湧出量の低下を招いた。都市部のホテル・マンションを温泉付きにする事業も増え、深度一〇〇〇メートル以上の大深度掘削泉が増えている。平成十五年（二〇〇三）以降、新規掘削許可件数に大深度掘削が占める割合は五〇％を超えた。一〇〇メートルごとに二、三度上がる地温勾配《こうばい》を当てにして、温泉法の泉温条件の摂氏二五度以上をクリアしようとするのも大深度掘削が増えた理由だ。今や温泉は、成分も個性・特色も乏しくなる傾向にある。

現在、一〇年以内という期間ごとに成分分析を受けて温泉の成分等の掲示内容を更新しなければならない。しかし再分析の結果、泉温が二五度未満に下がったり、放射能泉のラドン含有量が規定値以下になるなど、温泉ではなくなる例も生じ、再び掘削に依存しやすい。

温泉水は基本的に天水（雨雪）起源である。汲み上げは地下の帯水層と集水地域の年間降雨量にも規定された温泉の賦存量《ふぞんりょう》を超えない範囲にとどめなければならない。関東平野南部などこれまで温泉がなかった地域でも大深度掘削で温泉施設が増えたが、地下の帯水層から化石海水型の塩化物泉を大量に汲み上げ、豊富な湧出量による《源泉かけ流し》で利用者に人気である。しかし揚湯し続ければ、いずれ湧出量は低下し、限界にぶちあたる。

個々の温泉宿・施設にとって使える湯量には限度がある。大浴場に露天風呂に部屋付風呂、貸切風呂と浴槽設備を拡張するほど、加水増量と循環湯を増やす。実態はただの湯で、温泉の良さや特色を求めるニーズに応えられない。そのためにはたとえ小さくても湯口から源泉が注がれて持ち味がわかる源泉浴槽を男女別に一つ以上設けて、それ以外の大浴場や眺望目的の露天風呂などは衛生管理上も循環濾過湯にするといった使い分け利用が望ましい。

温泉は有限資源で、掘れば必ず得られるものではない。明治以降の掘削開発は大深度掘削をとおして大都市圏までいわば温泉エリアにしてしまった。ここに至り、温泉資源の枯渇と保護が温泉行政でも課題となって久しい。

温泉資源保護対策では、自家源泉を有する宿・施設など温泉事業者も日常的に湯量や水位、泉温などをモニタリングしてデータを集めておく必要がある。データの集積・裏付けなしには、周辺での掘削その他の影響による温泉資源の変化を、科学的説得力をもって主張しづらい。これには原発事故以降再び高まる大規模地熱発電開発の問題がかかわってくる。

日本の地熱資源量はアメリカ、インドネシアに次いで世界三位。地熱資源量から割り出されるエネルギー資源としての導入ポテンシャルは計一四二〇万キロワットとみなされる。ただしこれには温泉利用を通じてすでに使われている熱エネルギーも多く含まれている。豊富な地熱エネルギーを地熱発電開発で新規に利用する場合、地域ごとに二〇〇〇年近い実績のある温泉利用への影響及びその有用性・価値とのバランスを考慮しなければならない。

### コモンズのガバナンスを活かす

こうした点を含めて、広く温泉資源の保護や有限資源の持続可能な利用を考えるとき、コモンズ（commons：みんなの共同資源）のガバナンス（統治、管理運営）のあり方が参考になる。

古くから地下水や湧泉、入会地となる山林や牧草地、漁場などがコモンズと認められてきたことは世界に共通する。本来だれのものでもない温泉もコモンズに含まれる。歴史ある温泉地の住民は温泉資源と入浴利用施設を共同で管理運営、すなわち有効にガバナンスしてきた。これによって個人所有が促す資源の濫用・乱開発傾向を防げる。地域住民は共有する経験知にもとづき、資源状況を常にモニタリングしながら、持続可能な範囲内での採取や利用を行なうのである。

温泉資源に関するコモンズのガバナンスは今日的に継承されている。総湯の歴史を持つ温泉地の一つ、野沢温泉は前述のとおり温泉が湧く地域の自治組織「野沢組」をつくり、規約に「組の資産は、組構成員全員の総有とする」と明記。地下水や山林とともに温泉資源と共同湯つぼを総有財産として保全と管理運営を行なう。平成十二年（二〇〇〇）には地縁団体として法人格を取得したが、住民自治組織では総有財産保全に限界があるとして、財団法人野沢会も設立した。これは湯田中渋温泉郷で設立された財団法人和合会や共益会と同じで、その経験・実績が活かされている。

このように温泉地それぞれの歴史経過をふまえて、近代の私的所有社会に対応できる組織団体を設立するなど、総有財産としての温泉資源や利用施設の共同管理運営の英知を活かしている。この観点からみて、地熱エネルギーも地域外の大手事業者に委ねる大規模発電開発ではなく、あくまで地域に根ざした地域主体で考えるのが筋ではないだろうか。

そうであれば、温泉が含まれる地熱エネルギーの適切なバランスや温泉資源への影響を持続的に観察できる。また本来、開発の成果も地域に還元・利用される地産地消・地域自給型がふさわしいと言えよう。

## 温泉地の価値の再評価

温泉宿や施設に比べ、温泉地という場全体への温泉利用者の関心はこれまで高くなかったようにみえる。しかし温泉の歴史も多様な温泉文化も、温泉地という場にこそ蓄積される。温泉の魅力と価値は、温泉資源そのものと温泉地という二つの原点抜きには語れない。

観光庁の「訪日外国人消費動向調査集計表（二〇一七年七〜九月期）」によると、複数回答で「訪日前に期待していたこと」では「温泉入浴」が五位（二四・四％）、「今回したこと」では六位（三二・六％）、「次回したいこと」では四位（四〇・〇％）に入っている。これとは別に、最も高い「日本食を食べること」、高位にランクされる「自然景勝地観光」や「旅館に宿泊」項目も考慮すれば、それらがすべてそろう温泉地の観光資産価値は当然にもきわめて高い。

温泉地にはその国や地域、歴史文化に応じた独自のたたずまい、個性的な景観が形成され、訪れる人を魅了する。温泉地を選ぶ際に最も重視される自然環境、温泉情緒、温泉そのものという三つの要件をトータルにビジュアルに感じ取れるのは、温泉地の景観である。

日本の温泉地には木造旅館や浴舎、共同浴場、土産物屋など店舗も建ち並び、温泉街に独特の温泉情緒が漂う。温泉地に滞在、散策するだけで非日常の解放感を味わえる。草津や箱根、銀山《ぎんざん》（山形県）、湯田中渋温泉郷、湯河原、修善寺、城崎などに典型的な木造多層旅館や、野沢温泉大湯、道後温泉本館、武雄温泉浴場、別府竹瓦《たけがわら》温泉など伝統的共同浴場建築は、今日では温泉地にしか保たれていない貴重な温泉建造物群である。また、石州瓦《せきしゅうがわら》葺きでなまこ壁が並ぶ島根県温泉津《ゆのつ》温泉は温泉街自体が重要伝統的建造物群保存地区に指定されている。

温泉地の景観、情緒を形成するさまざまな構成要素は、日本の温泉史の所産である。温泉宿や伝統的共同浴場の浴槽には自然素材が多く用いられ、多様な泉質、湯の色などの源泉と調和し、料理と器の組み合わせのように持ち味を発揮できるように工夫されて、入浴文化の奥深さを伝えてくれる。日本の温泉宿がほとんど食泊分離でないことは今後の検討課題だが、宿で提供される和食主体の食文化を通じて温泉地宿泊・滞在の魅力を倍加させている。

温泉地は、観光資源及び地域雇用の場で地域の食材や産業に寄与する経済面のみならず、国民の健康にとっても価値を発揮する。歴史文化を伝える温泉地はまさに貴重な遺産（ヘリテージ）と言える。先に挙げたような温泉地と合わせ、選定条件にもとづき環境省が指定する国民保養温泉地もまた、温泉資源の豊かさと提供利用のあり方、保養環境の面で看板となる資格を有している。グローバルに《オンセン（onsen）》をアピールしていく中で、日本の温泉地が持つ多様な資産価値を再評価し、これからもっと活用していくべきだろう。

# あとがき

温泉の歴史を知っていれば、と思う身近なことの一つに混浴の問題がある。とくに東日本では新鮮な源泉に満ちあふれた露天風呂に混浴が少なくない。そこで温泉好きの女性が新しいバスタオルをつけて入ろうとすると、年配男性らから「日本ははだかで入浴するのが伝統だから、バスタオルをとりなさい」と言われ、途方にくれる場合があるという。しかし本書で述べたとおり、歴史的には湯具着用こそ入浴のスタンダードだった。新しい湯ふんどしを用意せず入ろうものなら叱られるのが、草津をはじめ温泉地の習いであった。

江戸の銭湯が混浴禁止令を無視しようとしたのは、商売上の理由が大きく、今日の混浴風呂にもあてはまる。はだかでの入浴は《伝統》というほどのものではないのである。一方、湯具の有無を問わず、西日本を中心に男女別浴の温泉地が多かったことも本書で示した。東西日本の温泉の歴史文化には違いが見られ、その背景を調べることも今後の課題となる。

本書は、中公新書編集部の並木光晴氏の勧めで実現した。並木氏は「温泉文化の原点」についてて私が語ったＮＨＫ番組や拙著『温泉の平和と戦争』（彩流社）に目をとおされ、日本の温泉の歴史を書くことを提案されたのである。それは私のかねてよりの願いでもあり、喜んでお引き受けした。本書の出版にあたり、あらためて並木氏に感謝申し上げる。

温泉の歴史は、利用のもととなる泉源湯つぼの存在、浴槽の変遷を見ておくことが大事である。外湯から内湯への流れは日本に顕著でも、ヨーロッパはなお外湯主体である。ここには温泉資源はだれのものかというテーマもはらまれていよう。

今も多くの温泉地に温泉信仰の証が見られる。それに戦国時代の隠し湯や温泉地への禁制、軍隊による温泉療養所の設置、温泉地への学童疎開といった温泉史の数々のエポックをとおして、温泉や温泉地の真の価値、存在意義というものを見直していただければ幸いである。

二〇一八年五月

石川理夫

# 主要参考文献

史書をはじめ本文に記載した文献史料は基本的に省いた。


■第一章

甘露寺泰雄「動物の発見伝説に係る温泉の泉質」(『温泉地域研究』第一八号、日本温泉地域学会、二〇一二年)
石原道博編訳『新訂魏志倭人伝・後漢書倭伝・宋書倭国伝・隋書倭国伝』(岩波文庫、一九八五年)
松岡静雄『日本古語大辞典　語誌』(刀江書院、一九二九年)
武光誠『蘇我氏の古代史』(平凡社新書、二〇〇八年)
雑賀貞次郎編『白浜・湯崎温泉叢書』全三冊(紀南の温泉社、一九三四年)
松山市文化財報告書『道後湯月町遺跡・道後湯之町遺跡』(松山市教育委員会・埋蔵文化財センター、二〇〇八年)
『新編日本古典文学全集　5　風土記』(小学館、一九九七年)
于航「中国の温泉文化について」(『温泉地域研究』第六号、日本温泉地域学会、二〇〇六年)
『静岡県史』資料編4・古代(静岡県、一九八九年)
正倉院文書データベース作成委員会「正倉院文書データベース」

■第二章

国際日本文化研究センター「和歌データベース」

勢州一志郡榊原湯元『温泉来由記』（江戸時代）
小山靖憲『熊野古道』（岩波新書、二〇〇〇年）
五来重『遊行と巡礼』（角川書店、一九八九年）
園孝治郎編『雲仙岳と島原半島』（雲仙社、一九二六年）
『磐城湯本温泉記』（湯本温泉組合事務所、一九〇一年）
『熱海市史』上巻（熱海市、一九六七年）
熱海温泉誌作成実行委員会編『熱海温泉誌』（熱海市、二〇一七年）
中国古典籍データベース『諸子百家　中國哲学書電子化計畫』
簡野道明『増補　字源』（角川書店、一九二三年）
『紀伊続風土記』（仁井田好古他編纂、一八三九年）

## ■第三章

岩崎宗純『箱根七湯―歴史とその文化』（有隣新書、一九七九年）
岩崎宗純『中世の箱根山』（神奈川新聞社、一九九八年）
『箱根温泉史』（箱根温泉旅館協同組合、一九八六年）
箱根湯本旅館組合編『箱根湯本・塔之沢温泉の歴史と文化』（二〇〇〇年）
箱根神社社務所編『箱根神社大系』上巻「箱根山縁起幷序」（箱根神社、一九三〇年）
『箱根山中　村むらの仏たち』（箱根町郷土資料館、二〇〇七年）
草津町誌編さん委員会編『草津温泉誌　第壱巻』（草津町、一九七六年）
湯本平内『草津温泉誌』（一八八八年）
尭恵『北国紀行』（佐賀県祐徳稲荷神社〔中川文庫〕蔵、国文学研究資料館）
大場修『風呂のはなし』（鹿島出版会、一九八六年）

『豊後速見郡史　全』（速見郡教育会、一九二五年）
『別府温泉史』（別府市観光協会、一九六三年）
櫻井陽子「有馬温泉（湯山）と定家」（『明月記研究』一〇号、明月記研究会、二〇〇五年）

■第四章

『加賀市史通史　上巻』（加賀市、一九七八年）
『山中町史』（山中町史刊行会、一九五九年）
『石川県史　第二編』（石川県、一九二八年）
井上鋭夫『一向一揆の研究』（吉川弘文館、一九六八年）
北国新聞社編『真宗の風景』（同朋社、一九九〇年）
西島明正『芭蕉と山中温泉』（北国新聞社、一九八九年）
『野沢温泉薬師堂縁起』（野沢組惣代、一九九二年）
『山ノ内町誌』（山ノ内町、一九七三年）
財団法人和合会編『和合会の歴史』（和合会、一九九一〜一九九三年）
『甲府市史　通史編第二巻』（甲府市、一九九二年）
文＊、弄花『七湯のしをり』（一八一一年）
峰岸純夫『中世　災害・戦乱の社会史』（吉川弘文館、二〇〇一年）
風早恂、有馬温泉史料刊行委員会編『有馬温泉史料』上・下巻（名著出版、一九八一・一九八八年）
田中芳男『有馬温泉誌』（松岡儀兵衛、一八九四年）
小沢清躬『有馬温泉史話』（五典書院、一九三八年）
須藤宏「有馬温泉一湯・二湯と新湯」（『温泉の文化誌　論集温泉学1』、岩田書院、二〇〇七年）
沼義昭「温泉之行者薬師如来」（『立正大学人文科学研究所年報』二四号、一九八六年）

西尾正仁『薬師信仰：護国の仏から温泉の仏へ』（岩田書院、二〇〇〇年）
武田勝蔵『風呂と湯の話』（塙書房、一九六七年）

■第五章

北条浩『温泉の法社会学』（御茶の水書房、二〇〇〇年）
山村順次『新版　日本の温泉地』（日本温泉協会、一九九八年）
山村順次『温泉地研究論文集』（千葉大学、二〇〇五年）
秋萍居士輯『伊香保志』（一八八二年）
高山村誌編纂室編『山田温泉誌』（山田温泉観光協会、二〇〇七年）
『湯田中のあゆみ』（湯田中のあゆみ刊行会、一九九四年）
『下大湯由来記』（下大湯、一九九三年）
『因伯叢書』（復刻版、一九一四年）
『岩美町誌』（岩美町教育委員会、一九六八年）
吉岡温泉史編集委員会編『資料にみる吉岡の温泉』（一九九八年）
鳥取市気高町編纂委員会編『新修気高町誌』（二〇〇六年）
『作陽誌』第一巻（『西作誌』上巻）（作陽古書刊行会、一九一三年）
『奥津町史』通史編・上巻（二〇〇五年）
『大鰐町史』上巻・中巻（大鰐町、一九九一・一九九五年）
間宮栄好『箱根七湯志』（一八六一年）
藤浪剛一『温泉知識』（丸善、一九三八年）
西川義方『温泉と健康』（南山堂書店、一九三二年）
小笠原真澄、小笠原春夫編著『訓解　温泉（一本堂薬選続編）』（文化書房博文社、一九九五年）

『日本庶民生活史料集成』第三巻（三一書房、一九六九年）
内田武志、宮本常一編『菅江真澄全集』（未来社、一九七一～一九八一年）
『菅江真澄遊覧記』（平凡社東洋文庫、一九六五～一九六八年）
松田毅一、E・ヨリッセン『フロイスの日本覚書』（中公新書、一九八三年）
フロイス「日欧文化比較記録」（『ヨーロッパ文化と日本文化』、岩波文庫、一九九一年）
フランソワ・カロン『日本大王国志』（東洋文庫、一九六七年）
アーノルダス・モンタヌス編著『日本誌』（丙午出版社、一九二五年）
エンゲルベルト・ケンペル『江戸参府旅行日記』（東洋文庫、一九七七年）
フィリップ・ジーボルト『江戸参府紀行』（東洋文庫、一九六七年）
大沢眞澄「本邦における温泉水化学分析の展開―シーボルト、ビュルガーから宇田川榕菴への流れ―」（『洋学史学会年会報告』、二〇一〇年）
ヴィットリオ・アルミニヨン『イタリア使節の幕末見聞記』（講談社学術文庫、二〇〇〇年）
ヒュー・コータッツィ『維新の港の英人たち』（中央公論社、一九八八年）

■第六章

大西郷全集刊行会編『大西郷全集』（平凡社、一九二七年）
香春建一『西郷臨末記』（尾鈴山書房、一九七〇年）
五代夏夫編『西郷隆盛のすべて』（新人物往来社、一九八五年）
『熱海市史』下巻（熱海市、一九六八年）
『川島武宜著作集』第九巻（岩波書店、一九八六年）
服部安蔵「温泉分析変遷史」（『分析化学』六巻八号、日本分析化学会、一九五七年）
須長泰一「ヴィダルの箱根温泉郷・熱海温泉紀行…フランス人医師による明治五年の温泉調査」（『温泉』通

巻七七〇・七七一号、日本温泉協会、二〇〇三年）
エルウィン・ベルツ著『ベルツの日記』（岩波文庫、一九七九年）
『箱根温泉供給史』（箱根温泉供給株式会社、一九八二年）
箱根町郷土資料館編『明治の模範村―箱根権現領元箱根村の歴史―』（箱根町、一九九五年）
関戸明子著『近代ツーリズムと温泉』（ナカニシヤ出版、二〇〇七年）

■第七章

高橋栄吉『石川県に於ける温泉の研究』（名古屋控訴院、一九三三年）
山田明「明治期陸軍転地療養と湯河原・箱根・熱海」（『日本福祉教育専門学校研究紀要』第一五巻第一号、日本福祉教育専門学校、二〇〇七年）
高柳友彦「近現代日本における資源管理―温泉資源の利用秩序を事例に―」（東京大学博士論文、二〇〇九年）
陸軍衛生事蹟編纂委員会編『明治二十七八年役陸軍衛生事蹟』第三巻「伝染病及脚気　下」
東京陸軍予備病院編『東京陸軍予備病院衛生業務報告』後編（一八九八年）
全国疎開学童連絡協議会編『学童疎開の記録Ⅰ　学童疎開の研究』（大空社、一九九四年）
石川理夫著『温泉の平和と戦争』（彩流社、二〇一五年）

石川理夫（いしかわ・みちお）

1947年（昭和22年），宮城県に生まれる．東京大学法学部卒業．温泉評論家．日本温泉地域学会会長．2004年より環境省中央環境審議会温泉小委員会専門委員．
著書に『温泉で、なぜ人は気持ちよくなるのか』（講談社＋α新書），『温泉法則』（集英社新書），『温泉巡礼』（PHP研究所），『温泉の平和と戦争』（彩流社），『本物の名湯ベスト100』（講談社現代新書）ほか．『熱海温泉誌』（熱海市）の執筆・監修・編集も務める．

温泉《おんせん》の日本史《にほんし》
中公新書 *2494*

2018年6月25日発行

著　者　石川理夫
発行者　大橋善光

本文印刷　三晃印刷
カバー印刷　大熊整美堂
製　本　小泉製本

発行所　中央公論新社
〒100-8152
東京都千代田区大手町 1-7-1
電話　販売 03-5299-1730
　　　編集 03-5299-1830
URL http://www.chuko.co.jp/



Published by CHUOKORON-SHINSHA, INC.
Printed in Japan　ISBN978-4-12-102494-7 C1221

# 中公新書刊行のことば

いまからちょうど五世紀まえ、グーテンベルクが近代印刷術を発明したとき、書物の大量生産は潜在的可能性を獲得し、いまからちょうど一世紀まえ、世界のおもな文明国で義務教育制度が採用されたとき、書物の大量需要の潜在性が形成された。この二つの潜在性がはげしく現実化したのが現代である。

いまや、書物によって視野を拡大し、変りゆく世界に豊かに対応しようとする強い要求を私たちは抑えることができない。この要求にこたえる義務を、今日の書物は背負っている。だが、その義務は、たんに専門的知識の通俗化をはかることによって果たされるものでもなく、通俗的好奇心にうったえて、いたずらに発行部数の巨大さを誇ることによって果たされるものでもない。現代を真摯に生きようとする読者に、真に知るに価いする知識だけを選びだして提供すること、これが中公新書の最大の目標である。

私たちは、知識として錯覚しているものによってしばしば動かされ、裏切られる。私たちは、作為によってあたえられた知識のうえに生きることがあまりに多く、ゆるぎない事実を通して思索することがあまりにすくない。中公新書が、その一貫した特色として自らに課すものは、この事実のみの持つ無条件の説得力を発揮させることである。現代にあらたな意味を投げかけるべく待機している過去の歴史的事実もまた、中公新書によって数多く発掘されるであろう。

中公新書は、現代を自らの眼で見つめようとする、逞しい知的な読者の活力となることを欲している。

一九六二年一一月

中公新書

## 日本史

d4